© Rolando Zucchini 2015
© Mnamon 2015
ISBN: 9788869490699
II edizione

In copertina: Collatz intensities by Roddy Collins e Andrew Shapira

Le figure sono state realizzate dall'autore

Tutti i diritti riservati. È vietata la riproduzione anche parziale senza l'autorizzazione scritta dell'autore e dell'editore.

Rolando Zucchini

La congettura di Siracusa

II edizione

7

*In memoria di Enrico (1913 – 1989)
e di Rosa (1913 – 1999)*

*In memoria di Giuseppe Peano (1858 – 1932)*


*La matematica non è ancora pronta per problemi di questo tipo*
(Paul Erdòs; 1913 – 1996)

# Premessa

La congettura di Siracusa (meglio nota come la congettura di Collatz) è una delle tante congetture matematiche ancora in attesa di dimostrazione. In questo saggio è affrontata evidenziandone alcune caratteristiche. Da una di queste prende spunto un procedimento che conduce a un teorema la cui dimostrazione la risolve in maniera completa e definitiva.
In pochi passi si esce dal labirinto, si giunge a livello del mare da altissime quote e si doma il pazzo ascensore di un altissimo grattacielo.
La soluzione della congettura di Siracusa svela la magica armonia dei numeri dispari e apre nuovi orizzonti alla teoria dei numeri.

In questa seconda edizione, è stata aggiunta una dettagliata disamina del teorema $2n+1$. Inoltre le tavole dei collegamenti sono completate fino al 2999.

# Introduzione

Una congettura (dal latino *coniectura*, verbo *conicere*: dedurre, interpretare, concludere) è una affermazione basata su una intuizione, una riflessione, un lampo di genio. La parola congettura (*eikasia*) si ritrova per la prima volta negli scritti di Platone (428 – 347 a.c.). Dopo di lui gli stoici sostennero che *il sapiente deve sempre esprimersi per certezze e non per congetture*. A essi Cicerone (107 – 44 a.c.) ribatte che *è proprio del sapiente fare congetture su ciò che ignora*. Nicolò Cusano (Kues 1401 – Todi 1464) tratta sistematicamente la relazione tra noto e ignoto e dà valore al sapere incompleto delle congetture considerandole uniche e nobili. Il termine congettura fu usato spesso da Karl Popper (Vienna 1902 – Londra 1994) nel contesto della filosofia scientifica. In matematica, una congettura è un enunciato ritenuto vero ma per il quale non esiste una dimostrazione. A differenza delle scienze cosiddette empiriche, la matematica è fondata su verità inoppugnabili, da qui i numerosi tentativi di dimostrare le congetture più famose, molte delle quali sono state dimostrate in maniera logica e inconfutabile; tante altre, invece, sono tuttora in attesa di dimostrazione. Tra esse la congettura di Siracusa, nonostante sia stata verificata per numeri dell'ordine di $2 \times 10^{12}$, due milioni di milioni.

\*\*\*

La congettura di Siracusa è soprattutto nota come la congettura di Collatz, dal nome del matematico Lothar Collatz (Arnsberg 1910 – Varna 1990) il quale la formulò nel 1937, e da allora non è stata ancora dimostrata e mai si è trovato un contro-esempio che la rendesse falsa. Lothar Collatz ha studiato matematica in varie Università, tra le quali l'Università di Berlino sotto il rettorato di Alfred Klose (1895 – 1953). Si è laureato nel 1935 con una tesi sulle soluzioni approssimate delle equazioni differenziali lineari. È stato membro onorario della Società Matematica di Hamburg e insignito della laurea ad honorem dall'Università di San Paolo in Brasile, da quella di Dundee (Scozia) e dalle Università tecniche di Vienna, Hannover e Dresden. Intorno agli anni trenta del novecento egli si occupò della teoria dei numeri, e fu proprio durante questi studi che formulò la congettura. Il suo amico Helmut Hasse (Kassel 1989 – Ahrensburg 1979), negli anni cinquanta, presentò il problema durante un convegno di matematici all'università di Syracuse (New York), da qui il nome *congettura di Siracusa*. Essa è anche detta *problema di Ulam* dal nome del matematico Stanislaw Ulam (1909 – 1984) che lo propose agli studenti dell'università di Los Alamos (New Mexico) nella quale insegnava. Il problema di Ulam fu ripreso, negli anni sessanta, dal matematico giapponese Shizuo Kakutani (1911 – 2004), per questo è anche detto *problema di Kakutani*. La congettura di Siracusa è citata nel film *La donna che canta* (2010) di Denis Villeneuve, tratto dall'opera teatrale *Incendies* di Wajdi Mouawad.

# La congettura di Siracusa

**La congettura di Siracusa afferma:** *Se a un qualsiasi numero intero naturale n, diverso da zero, si applica l'algoritmo 3n+1 se n è dispari, n/2 se n è pari, la successione dei valori ottenuti precipita a 1 dopo un numero finito di passi, rispettando sempre il ciclo finale {4; 2; 1}.*

$$\forall n \in \mathbb{N}: n \neq 0 \longrightarrow \begin{cases} 3n+1 & \text{se } n \text{ è dispari} \\ n/2 & \text{se } n \text{ è pari} \end{cases}$$

Scelto n = 12 (pari), applicando l'algoritmo di Collatz si ottiene la seguente sequenza:

n = 12 → S(12) = {12; 6; 3; 10; 5; 16; 8; 4; 2; 1}

il numero 12 precipita a 1 in nove passi.

La sequenza (o successione) generata dal numero 12 è oscillante (né crescente, né decrescente) e può essere rappresentata con un grafico su un piano cartesiano che ha per origine (0,1), il numero 1 può essere inteso come il livello minimo o anche livello del mare. I passi sono riportati sull'asse delle ascisse e il numero generatore sull'asse delle ordinate. Il grafico relativo all'oscillazione della sequenza S(12) (generata dal numero 12) è rappresentato in figura 1. In esso la linea orizzontale parallela all'asse delle ascisse (passi) è l'orizzonte del numero 12. Il numero 12, durante l'oscillazione della successione S(12) da esso generata, supera il suo orizzonte una sola volta, esattamente al passo 5, in corrispondenza del quale raggiunge il picco 16.

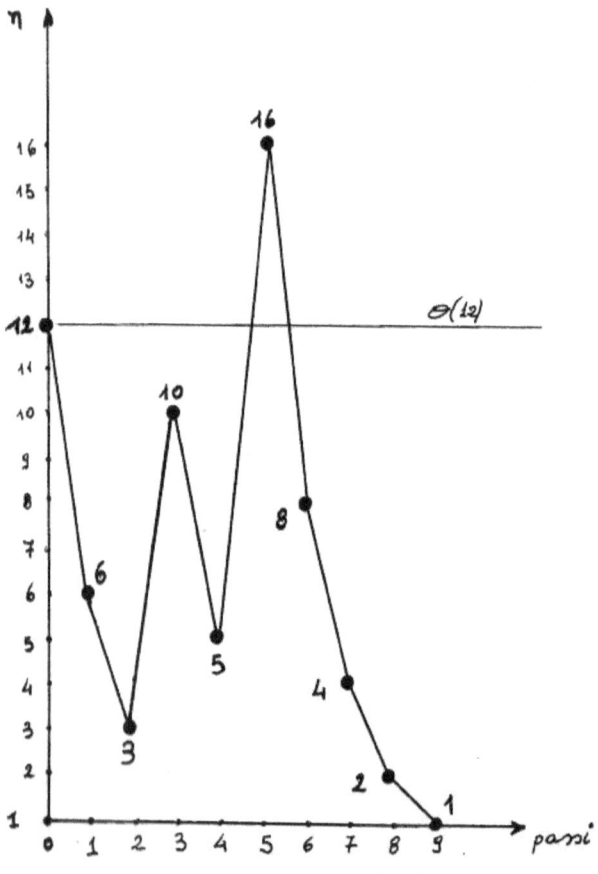

fig. 1

Scelto n = 7 (dispari), applicando l'algoritmo si ottiene la sequenza:
$$n = 7 \rightarrow S(7) = \{7;\ 22;\ 11;\ 34;\ 17;\ 52;\ 26;\ 13;\ 40;\ 20;\\ 10;\ 5;\ 16;\ 8;\ 4;\ 2;\ 1\}$$
il numero 7 precipita a 1 in 16 passi.
In figura 2 è rappresentato il grafico relativo alla oscillazione della sequenza S(7).

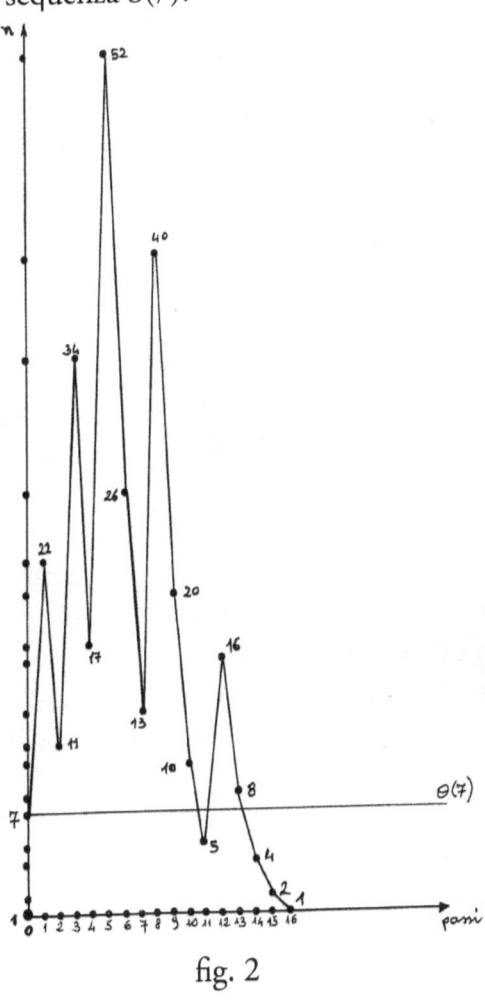

fig. 2

C'è da far notare che se si sceglie come numero di partenza un numero dispari, il primo elemento della sequenza è sempre un pari, in quanto il prodotto di 3 per un altro dispari dà ancora un dispari, il quale diventa pari con l'aggiunta di 1. Ciò accade per tutti i successori di un numero dispari contenuto nella sequenza. Un numero pari, invece, può essere seguito da un dispari o da uno o più numeri pari.

n = 48 → S(48) = {48; 24; 12; 6; 3; 10; 5; 16; 8; 4; 2; 1}

Se si sceglie un numero pari potenza di 2, n = $2^p$ = 2; 4; 8; 16; 32; 64; 128; 256; 512; 1024; 2048; ..., esso giunge a 1 dopo un ciclo di p applicazioni dell'algoritmo. Per esempio:

$2^4$ = 16 → S(16) = {16; 8; 4; 2; 1} (5 valori, 4 passi)
$2^7$ = 128 → S(128) = {128; 64; 32; 16; 8; 4; 2; 1} (8 valori, 7 passi)

La stessa osservazione è valida anche per i numeri dispari, allorquando 3n+1 = $2^p$, cioè n = ($2^p$–1)/3. In questo caso il numero dei passaggi necessari per farlo precipitare a 1 è uguale a p+1. Tenendo conto che l'algoritmo è applicabile esclusivamente ai numeri interi naturali, vediamo alcuni esempi:

p = 1 → n non è intero
p = 2 → n = 1 → {1; 4; 2; 1} (4 valori, 3 passi)

p = 3 → n non è intero
p = 4 → n = 5 → S(5) = {5; 16; 8; 4; 2; 1} (6 valori, 5 passi)
p = 5 → n non è intero
p = 6 → n = 21 → S(21) = {21; 64; 32; 16; 8; 4; 2; 1} (8 valori, 7 passi)
p = 7 → n non è intero
p = 8 → n non è intero
p = 9 → n non è intero
p = 10 → n = 341 → S(341) = {341; 1024; 512; 256; 128; 64; 32; 16; 8; 4; 2; 1} (12 valori, 11 passi)
...

Qui ci fermiamo, ma appare interessante notare che per alcuni numeri naturali, siano essi pari o dispari, i quali costituiscono una partizione dell'insieme N (v. fig. 3), è possibile stabilire a priori il numero dei valori contenuti nelle rispettive successioni ottenute applicando a essi l'algoritmo di Collatz, e quindi stabilire con esattezza il numero dei passi necessari per giungere a 1.

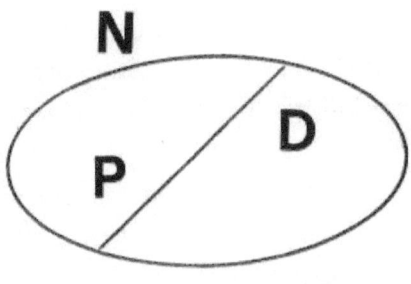

fig. 3

Precisamente, indicando con P l'insieme dei numeri pari e D l'insieme dei numeri dispari:
Se $n \in P \subset N : n = 2^p \Rightarrow$ la corrispondente successione S(n) contiene p+1 valori e precipita a 1 in p passi.
Se $n \in D \subset N : n = (2^p-1)/3 \Rightarrow$ la corrispondente successione S(n) contiene p+2 valori e precipita a 1 in p+1 passi.

Le cose si complicano se la scelta cade su un numero che non soddisfa alle condizioni di cui sopra. Per esso non è possibile stabilire a priori il numero di passi necessari per arrivare a 1.
Se scegliamo per esempio il numero 25 si ha la seguente sequenza:

**25** → 76 → 38 → **19** → 58 → 29 → **88** → 44 → 22 → 11 → 34 → 17 → 52 → 26 → 13 → 40 → 20 → 10 → 5 → 16 → 8 → **4** → **2** → **1**

Costituita da 23 passi. Osserviamo che la successione dei valori non contiene due numeri uguali, ma sono tutti diversi tra loro. Ciò accade per tutte le successioni di tutti i numeri. Insomma, le successioni ottenute mediante l'algoritmo di Collatz precipitano a 1 assumendo valori diversi tra loro. Ciò è evidente. Infatti se in una successione due numeri fossero uguali, da essi in poi si avrebbe la stessa sequenza, dando luogo a un circolo vizioso, e questo è impossibile (escluso chiaramente il numero 1 che genera il ciclo finale). C'è da notare inoltre che, costruita una successione, se ne conoscono tante altre, esattamente tutte quelle dei numeri in essa presenti. Con riferimento all'esempio precedente, la sequenza del numero 25 permette di conoscere le sequenze dei numeri:

**19** → 58 → **29** → **88** → 44 → 22 → 11 → 34 → **17** → 52 → 26 → 13 → 40 → 20 → 10 → 5 → 16 → 8 → 4 → 2 → 1
**88** → 44 → 22 → 11 → 34 → **17** → 52 → 26 → 13 → 40 → 20 → 10 → 5 → 16 → 8 → 4 → 2 → 1
**17** → 52 → 26 → 13 → 40 → 20 → 10 → 5 → 16 → 8 → 4 → 2 → 1

E così via per tutti gli altri. La sequenza del numero 25 permette di conoscere le sequenze di altri venti numeri naturali (escludendo i valori del ciclo finale 4, 2, 1 e il numero 25), pari o dispari. Se un numero genera una successione di 1000 valori, da essa si conoscono le successioni di 996 numeri in essa contenuti.

Nel calcolo dei valori delle sequenze c'è anche da osservare che ognuna di esse si collega a un'altra precedente, allorquando un valore di essa diventa uguale a quello di un'altra già computata. In figura 4 è riportato lo schema di una tale considerazione in riferimento ai numeri consecutivi 5, 6, 7.

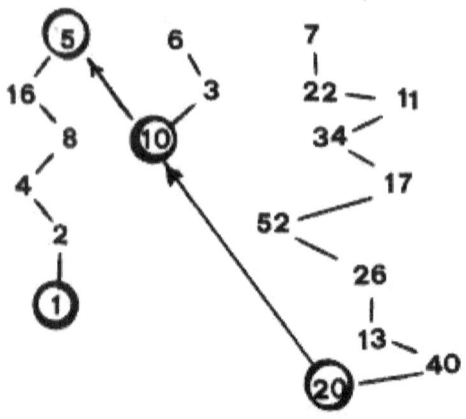

fig. 4

La sequenza del numero 7, dal valore 20, prosegue in quella del numero 6, la quale a sua volta, dal valore 10, prosegue in quella del 5. Se continuassimo nel computo delle successive sequenze ci accorgeremmo che la sequenza del numero 8 è già presente nella sequenza del 5, mentre quella del numero 9, dal valore 14, prosegue in quella del 7, la quale a sua volta … … e così via.

Sempre in riferimento al numero 25, ma il ragionamento è valido per qualsiasi altro numero, un'altra osservazione importante è che quando un valore della successione scende al di sotto di 25, in questo caso 19, la sua successione da qui in avanti diventa perfettamente uguale a quella di questo numero. Cosicché la successione del numero 25 si collega alla successione del numero 19. Insomma, le infinite successioni generate dall'algoritmo danno origine a una sorta di intreccio, nel quale ognuna delle sequenze si aggancia a una di quelle precedenti. In figura 5 è riportato l'intreccio generato dai primi sette numeri naturali.

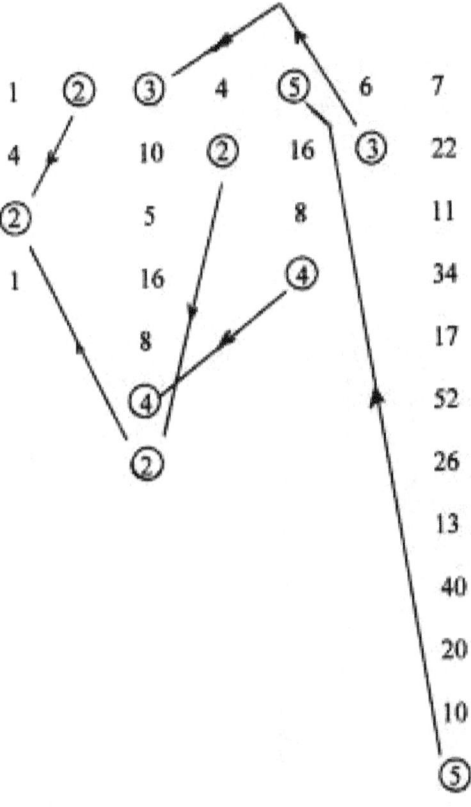

fig. 5

I numeri 2 e 3 si agganciano alla sequenza del numero 1, quella del numero 4, del numero 5, e del numero 6 a quella del 3, mentre la sequenza generata dal numero 7 si aggancia a quella generata dal numero 5. Si potrebbero costruire intrecci di centinaia di numeri consecutivi.

***

Se prendiamo 33 come numero generatore, applicando l'algoritmo, si ottiene la sequenza:
**33** → 100 → 50 → **25** < 33
**25** → 76 → 38 → **19** < 25
**19** → 58 → 29 → 88 → 44 → 22 → **11** < 19
**11** → 34 → 17 → 52 → 26 → 13 → 40 → 20 → **10** < 11
**10** → **5** < 10
**5** → 16 → 8 → 4 < 5
**4** → **2** → **1** ciclo finale. (v. fig. 6)

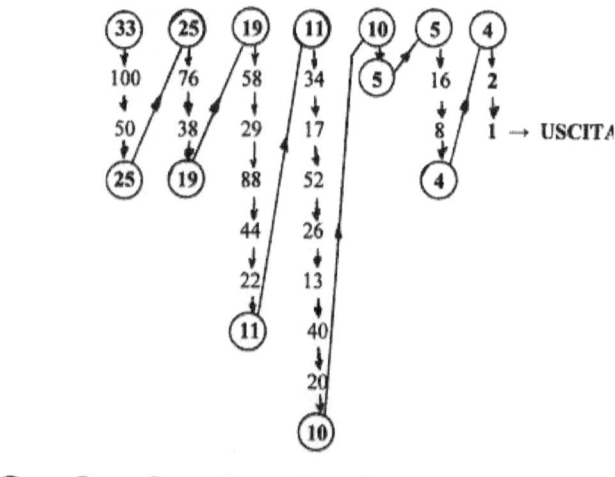

fig. 6

Se prendiamo 34 come numero generatore, applicando l'algoritmo, si ottiene la sequenza:
34 → 17 < 34
17 → 52 → 26 → 13 < 17
13 → 40 → 20 → 10 < 13
10 → 5 < 10
5 → 16 → 8 → 4 < 5
4 → 2 → 1 ciclo finale. (v. fig. 7)

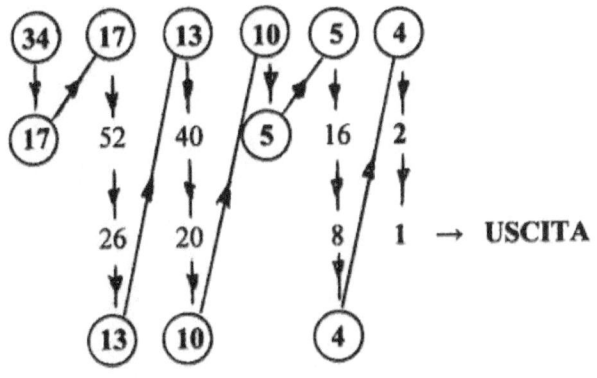

fig. 7

Se prendiamo 49 come numero generatore, applicando l'algoritmo, si ottiene la sequenza:
49 → 148 → 74 → 37 < 49
37 → 112 → 56 → 28 < 37
28 → 14 < 28
14 → 7 < 14

7 → 22 → 11 → 34 → 17 → 52 → 26 → 13 → 40 →
20 → 10 → 5 < 7
5 → 16 → 8 → 4 < 5
4 → 2 → 1 ciclo finale. (v. fig. 8)

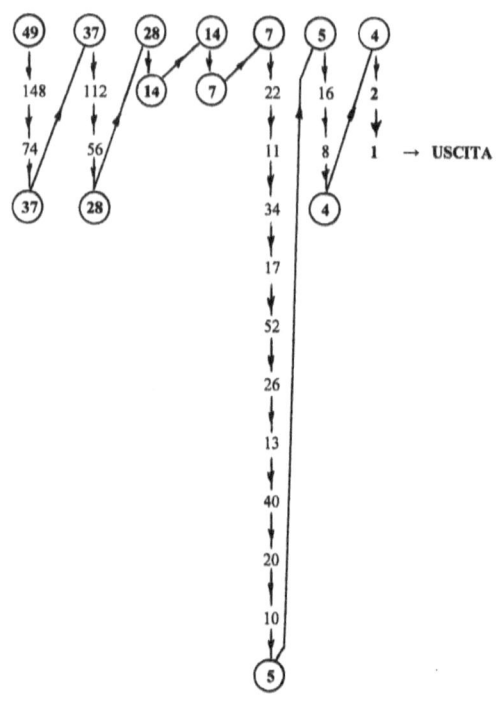

fig. 8

Se prendiamo 204 come numero generatore, applicando l'algoritmo, si ottiene la sequenza:
**204** → **102** < 204
**102** → **51** < 102

51 → 154 → 77 → 232 → 116 → 58 → **29** < 51
**29** → 88 → 44 → **22** < 29
**22** → **11** < 22
**11** → 34 → 17 → 52 → 26 → 13 → 40 → 20 → **10** < 11
**10** → **5** < 10
**5** → 16 → 8 → **4** < 5
**4** → **2** → **1** ciclo finale. (v. fig. 9)

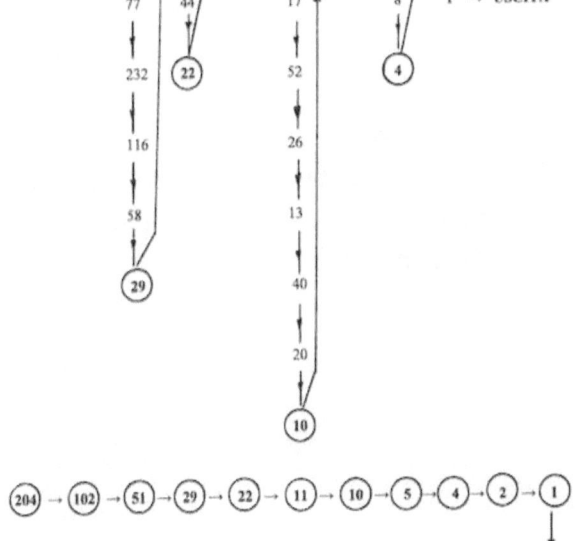

fig. 9
Un tale procedimento è applicabile a ∀ n ∈ N: n ≠ 0 e n ≠ 1.

Insomma, le infinite sequenze possono essere immaginate come una sorta di labirinto in cui le varie stanze numerate sono comunicanti fra di loro in maniera decrescente, secondo la regola imposta dall'algoritmo, fino ad arrivare al ciclo finale $4 \to 2 \to 1$ e trovare l'uscita.

La congettura di Siracusa, quindi, sarebbe dimostrata se si riuscisse a dimostrare che una qualsiasi successione contiene un valore minore del numero di partenza (numero generatore). Perché se ciò accade esso si aggancia a questo, il quale si aggancia a un altro minore di esso, e così via, fino a precipitare necessariamente a 1 (uscita del labirinto). O, come dire, l'orizzonte principale del numero generatore scende a successivi orizzonti inferiori fino a raggiungere il livello del mare. Ciò si può affermare con certezza per i numeri pari $n \in P \subset N: n = 2^p$ e per i numeri dispari $n \in D \subset N : n = (2^p-1)/3$. Per tutti gli altri numeri non si hanno certezze. Però la considerazione sopra esposta appare interessante e degna di ulteriori approfondimenti.

# Approfondimenti

1)
Una successione numerica è un insieme infinito di valori generati da una legge matematica
$$f: n \to f(n)$$
e indicata con $S = a_0; a_1; a_2; \ldots ; a_n; a_{n+1}; \ldots$.
Generalmente la funzione f ha per dominio l'insieme dei numeri naturali N (con o senza lo zero), mentre il codominio può essere lo stesso N o un altro insieme numerico.
La funzione $f: n \to n/2$ ha per codominio l'insieme dei numeri razionali Q:
$$S = 0; 1/2; 1; 3/2; \ldots ; n/2; (n+1)/2; \ldots$$
La funzione $f: n \to \sqrt{n}$ ha per codominio l'insieme dei numeri reali R:
$$S = 0; 1; \sqrt{2}; \sqrt{3}; 2; \sqrt{5}; \ldots ; \sqrt{n}; \sqrt{(n+1)}; \ldots$$

Per definire una successione, quindi, si deve specificare un'espressione analitica del tipo $a_n = f(n)$ la quale, dopo un numero finito di operazioni matematiche, consente di calcolare il termine $a_n$ della successione partendo dal valore di n. Se consideriamo la successione generata dall'algoritmo:
1) $a_1 = 1$  2) $a_{n+1} = (a_n+1)/a_n$
I suoi termini sono:
$a_1 = 1$
$a_2 = (1+1)/1 = 2$
$a_3 = (2+1)/2 = 3/2$
$a_4 = (3/2+1)/3/2 = 5/3$

$a_5 = (5/3+1)/5/3 = 8/5$
...
E così via.

Se i termini di una successione crescono al crescere dell'indice, cioè, se $i < j \Rightarrow a_i < a_j$ allora la successione è crescente. Se invece i termini di una successione decrescono al crescere dell'indice, cioè, se $i < j \Rightarrow a_i > a_j$ allora la successione è decrescente.

Per stabilire se una successione è crescente basta verificare che il termine generico è minore del suo successore, cioè: $a_n < a_{n+1}$. Per stabilire se una successione è decrescente basta verificare che il termine generico è maggiore del suo successore, cioè: $a_n > a_{n+1}$.

Successioni crescenti o decrescenti sono dette monotòne.
Una successione non monotòna è detta oscillante.
La successione $a_n = n/(n+1)$ è monotòna crescente.
I suoi elementi sono: 0; 1/2; 2/3; 3/4; 4/5; ... ; $n/(n+1)$; $(n+1)/(n+2)$; ... e risulta $a_n < a_{n+1}$. Infatti:
$n/(n+1) < (n+1)/(n+2) \to (n+1)/(n+2) - n/(n+1) > 0 \to$
$(n+1)^2 - n(n+2) > 0 \to n^2+2n+1-n^2-2n > 0 \to 1 > 0$ vera.
Quindi $a_n < a_{n+1}$ è sempre vera.

Alcune successioni diventano monotòne da un certo termine in avanti. Per esempio la successione generata dall'espressione analitica $a_n = n^2-6n$ ha come valori:
$$0; -5; -8; -9; -8; -5; 0; 7; 16; 27; ...$$
la quale dal termine $a_3 = -9$ risulta monotòna crescente. Infatti per $n \geq 3 \to a_n < a_{n+1} \to n^2-6n < (n+1)^2-6(n+1) \to$
$n^2-6n < n^2+2n+1-6n-6 \to 2n-5 > 0$ la quale essendo $n \geq 3$

è sempre vera.

2)
Il principio di induzione è una importante tecnica dimostrativa frequentemente usata in matematica. Essa permette di dimostrare che una proposizione $p$ è vera se risulta vera $p(1)$, e supposta vera $p(n)$, si dimostra vera $p(n+1)$. Cioè:

Se:
1) $p(1)$ è vera
2) $p(n)$ è vera per ipotesi.
3) $p(n+1)$ è vera per dimostrazione
Allora: la proposizione $p(n)$ è vera $\forall\, n \in N$.

Vediamo di chiarire il principio di induzione con un esempio.
Dimostrare che la proposizione $p$: la somma dei primi n numeri naturali (escluso lo zero) è:
$s(n) = n(n+1)/2$.
$p(1)$ è vera. Infatti $s(1) = 1\cdot(1+1)/2 = 1\cdot 2/2 = 1$
$p(2)$ è vera. Infatti $s(2) = 1+2 = 2\cdot(2+1)/2 = 6/2 = 3$.
$p(3)$ è vera. Infatti $s(3) = 1+2+3 = 3\cdot(3+1)/2 = 12/2 = 6$

...

Ma così procedendo dovremmo eseguire infinite verifiche sulla veridicità della proposizione $p$. Applichiamo il principio di induzione.
1) $p(1)$ è vera
2) $p(n)$ è supposta vera

3) dimostriamo che è vera $p(n+1)$ cioè che $s(n+1) = 1+2+3+4+ \ldots +n+(n+1) = (n+1)(n+2)/2$.
Avendo supposta vera $s(n) = 1+2+3+4+ \ldots +n = n(n+1)/2$ aggiungendo ad ambo i membri dell'uguaglianza $(n+1)$ si ha: $s(n+1) = 1+2+3+4+ \ldots +n+(n+1) = n(n+1)/2 + (n+1) = [n(n+1)+2(n+1)]/2 = (n+1)(n+2)/2$
Risultando vera $p(n+1)$ allora la proposizione $p(n)$ è vera $\forall\ n \in N$. C.V.D.

Il principio di induzione è evidente ma non dimostrabile. Esso è un assioma, il quinto postulato, formulato da Giuseppe Peano (Spinetta (Cuneo) 1858 – Torino 1932) nella sua teoria sulla assiomatizzazione dell'aritmetica.
Talvolta la proprietà (o proposizione) che si vuole dimostrare vale solo per gli interi naturali maggiori di un certo $n_0$. In questo caso il principio di induzione si può formulare assumendo come dominio $N^* = \{\forall\ n \in N: n > n_0\}$.

3)
Un procedimento ricorsivo è un procedimento che fa riferimento a se stesso ma non dà luogo a un circolo vizioso. Affinché sia proficuo è necessario che la catena di auto-riferimenti giunga a termine. Una successione si dice ricorsiva se $a_1 = f(a_0); a_2 = f(a_1); \ldots; a_n = f(a_{n-1}); \ldots$ .
Un procedimento iterativo è un procedimento basato sulla ripetizione di una o più operazioni matematiche per un numero finito di volte. Una successione si dice iterativa se fissato $a_0 = k$, allora: $a_1 = f(k)$ o $a_1 = g(k)$ o $\ldots$; $a_2 = f(a_1)$ o

$a_2 = g(a_2)$ o ...; $a_n = f(a_{n-1})$ o $a_n = g(a_{n-1})$, ... ; .... Il primo elemento k è il generatore della successione. Le successioni ottenute dall'algoritmo di Collatz sono iterative.

4)
Se indichiamo con p un numero pari e d un numero dispari, valgono le seguenti regole:

$p_1 + p_2 = p_3$
$p + d = d$
$d_1 + d_2 = p$
$p_1 \cdot p_2 = p_3$
$p \cdot d = p$
$d_1 \cdot d_2 = d_3$

# Dimostrazione della congettura di Siracusa

Abbiamo visto che le successioni generate dall'algoritmo di Collatz sono oscillanti, escluse quelle il cui numero generatore è potenza di 2. Queste ultime sono monotòne decrescenti e precipitano a 1 dopo un numero di passi valutabile a priori. Per le successioni oscillanti abbiamo riscontrato che esse precipitano sicuramente a 1 se un termine della successione, generata da un generico numero n, assume un valore minore di n, cioè al di sotto dell'orizzonte di n che possiamo indicare con $o(n)$.

Indicato con $n_i$ tale valore ($n_i < n$; $o(n_i)$ inferiore di $o(n)$), la successione generata da n si aggancia a quella generata da $n_i$, la quale, a sua volta, si aggancia a quella di $n_j < n_i$ ($o(n_j)$ inferiore di $o(n_i)$), la quale ... ..., e quindi precipita sicuramente a 1, uscendo dal labirinto, o, come dire, raggiunge il livello del mare. Ci domandiamo: ciò accade in tutte le successioni? In una qualsiasi successione c'è sempre un termine che assume un valore minore del generatore, cioè del numero che l'ha generata? Ciò è certamente vero per i numeri pari. Per essi il primo elemento della successione è n/2, e n/2 < n. Se, invece, il numero generatore è dispari allora il primo elemento della successione è 3n+1, il quale, in virtù dell'algoritmo, è sicuramente pari e quindi divisibile per 2. Cioè: 3n+1 → (3n+1)/2. A meno che esso non sia del tipo (3n+1)/2 = $2^p$ o (3n+1)/2 = ($2^p-1$)/3 (n ∈ D ⊂ N), risulta (3n+1)/2 > n, com'è facile verificare. Se però 3n+1 fosse doppiamente pari (due volte divisibile per due, o, come dire, divisibile per 4), o triplamente pari (tre volte divisibile per 2, o, come dire, divisibile per 8), allora (3n+1)/4 < n e (3n+1)/8 < n sarebbero sicuramente vere.

**Teorema 2n+3**

Applichiamo il principio di induzione alla seguente proposizione $p$:

*Qualsiasi successione generata dall'algoritmo di Collatz contiene sempre un termine minore del suo generatore.*

Per quanto prima detto la proposizione $p$ è vera per i numeri naturali $P \subset N$. Prendiamo allora in esame solo i numeri generatori dispari con l'esclusione di 1, il quale genera il ciclo finale {4; 2; 1} e quindi è banale. Indichiamo il generico numero dispari con 2n+1 e il suo successore con 2n+3. Il principio di induzione si traduce nei seguenti passaggi:

1) $p(3)$ è vera. Infatti: $S(3)$: $3 \to 10 \to 5 \to 16 \to 8 \to 4 \to 2 < 3$

2) supponiamo vera $p(2n+1)$, quindi $\exists\, a_n \in S(2n+1)$: $a_n < 2n+1$

3) dimostriamo che anche $p(2n+3)$ è vera.

Tenendo presente che nelle successioni generate dall'algoritmo di Collatz un qualsiasi numero dispari ha come successore un numero pari, avremo:

$p(2n+3)$: $2n+3 \to 3(2n+3)+1 = 6n+10 \to 3n+5$.

$3n+5$ può essere pari o dispari.

**a)** Se 3n+5 è pari, allora 3n+5 → (3n+5)/2 < 2n+1 (3n+5 < 4n+2 da cui n − 3 > 0 vera per n > 3), allora $p$(2n+3) è vera essendo vera $p$(2n+1). Infatti: (3n+5)/2 < 2n+1 < 2n+3 → (3n+5)/2 < 2n+3
Ma 3n+5 è pari se n ∈ D = {1; 3; 5; 7; 9; 11, 13; 15; ... ; 2n-1; 2n+1; ...}.
Ne consegue che la p(2n+3) è vera in $D_1$ = **{5; 9; 13; 17; 21; 25; 29; 33; ... ; 4n+1; 4n+5; ...}**.

**b)** Se 3n+5 è dispari, allora: 3n+5 → 3(3n+5)+1 = 9n+16, il quale essendo pari in virtù dell'algoritmo, 9n+16 → (9n+16)/2, il quale potrebbe essere pari o dispari.

**b1)** Se (9n+16)/2 è pari, allora (9n+16)/2 → (9n+16)/4 < 4n+2 = 2(2n+1). Se ciò accade $p$(2n+3) è vera essendo vera $p$(2n+1). E ciò accade se (9n+16)/2 è almeno doppiamente pari (divisibile per 4). Infatti: (9n+16)/2 → (9n+16)/4 → (9n+16)/8 < 2n+1 < 2n+3 → (9n+16)/8 < 2n+3.
Ma (9n+16)/2 è pari per n ∈ $P_1$ = {4; 8, 12, 16, 20, 24; 28; 32; ...; 4n; 4n+4; ...}, quindi nel suo ciclo iterativo c'è sempre un termine divisibile almeno per 4. Ne consegue che la $p$(2n+3) è vera in: $D_2$ = **{11; 19; 27; 35; 43; 51; 59; 67; ...; 8n+3; 8n+11; ...}**.

**b2)** Se (9n+16)/2 è dispari, allora (9n+16)/2 → 3((9n+16)/2)+1 = (27n+48)/2+1 = (27n+50)/2, il quale essendo pari in virtù dell'algoritmo: (27n+50)/2 → (27n+50)/4 < 8n+4 = 4(2n+1). Se ciò accade $p$(2n+3) è vera essendo vera $p(2n+1)$. E ciò accade se $(27n+50)/2$ è almeno triplamente pari (divisibile per 8). Infatti $(27n+50)/2$ → $(27n+50)/4$ → $(27n+50)/8$ → $(27n+50)/16 < 2n+1 < 2n+3$ → $(27n+50)/16 < 2n+3$. Ma $(27n+50)/2$ è pari per $n \in P_2 = \{2; 6; 10; 14; 18; 22; 26; 30; ...; 4n-2; 4n+2; ...\}$, quindi nel suo ciclo iterativo c'è sempre un termine divisibile almeno per 8.

Ma $(9n+16)/2$ è dispari per $n \in P_2 = \{2; 6; 10; 14; 18; 22; 26; 30; ...; 4n-2; 4n+2; ...\}$. Ne consegue che la $p(2n+3)$ è vera in $D_3 = \{7; 15; 23; 31; 39; 47; 55; 63; ...; 8n-1; 8n+7; ...\}$.

Abbiamo individuato tre insiemi di numeri dispari in cui la $p(2n+3)$ è vera. Essi sono:

$D_1 = \{5; 9; 13; 17; 21; 25; 29; 33; ... ; 4n+1; 4n+5; ...\}$
$D_2 = \{11; 19; 27; 35; 43; 51; 59; 67; ...; 8n+3; 8n+11; ...\}$
$D_3 = \{7; 15; 23; 31; 39; 47; 55; 63; ...; 8n-1; 8n+7; ...\}$

Ma $D_1 \cup D_2 \cup D_3 = D^* = \{5; 7; 9; 11; 13; 15; 17; 19; 21; 23; 25; 27; 29; 31; ...; 2n+1; 2n+3; ...\} = D - \{1; 3\}$, con 1 generatore del ciclo finale e quindi banale e la $p(3)$ verificata vera nella 1) del principio di induzione.

Possiamo perciò concludere che la $p(2n+3)$ è vera per tutti i numeri dispari D.

Avendo visto che la proposizione $p(n)$ risulta vera per i numeri pari P, avendo dimostrato che è vera per i numeri dispari D, essendo P ∪ D = N (v. fig. 10) allora la $p(n)$ è vera ∀ n ∈ N. → C.V.D.

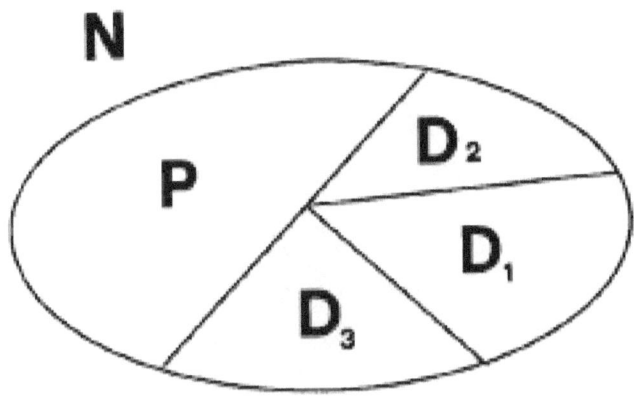

fig. 10

# Teorema 2n+1

Nella dimostrazione precedente che risolve la congettura di Siracusa è stato applicato il principio di induzione, ma esso può essere evitato prendendo in considerazione il generico numero dispari 2n+1 e procedendo in maniera perfettamente analoga.

Enunciato:
*Qualsiasi successione generata dall'algoritmo di Collatz applicato a un generico numero dispari 2n+1 contiene sempre un termine $a_n$ minore del suo generatore.*

Dimostrazione:
Tenendo presente che nelle successioni generate dall'algoritmo di Collatz un qualsiasi numero dispari ha come successore un numero pari, avremo:

2n+1 → 3(2n+1)+1 = 6n+4 → 3n+2.

3n+2 può essere pari o dispari.

**a)** Se 3n+2 è pari, allora 3n+2 → (3n+2)/2 < 2n+1
(3n+2< 4n+2, da cui n > 0 sempre vera).
Ma 3n+2 è pari se n $\in$ P = {2; 4; 6; 8; 10; 12; 14; 16; ... ; 2n; 2n+2; ... }.
Ne consegue che 2n+1 è in $D_1$ = **{5; 9; 13; 17; 21; 25; 29; 33; ... ; 4n+1; 4n+5; ...}**.
**b)** Se 3n+2 è dispari, allora: 3n+2 → 3(3n+2)+1 = 9n+7,

il quale essendo pari in virtù dell'algoritmo, $9n+7 \to$ $(9n+7)/2$, il quale potrebbe essere pari o dispari.

**b1)** Se $(9n+7)/2$ è pari, allora $(9n+7)/2 \to (9n+7)/4 < 4n+2 = 2(2n+1) \to (9n+7)/8 < 2n+1$. E ciò accade se $(9n+7)/2$ è almeno doppiamente pari (divisibile per 4).
Infatti: $(9n+7)/2 \to (9n+7)/4 \to (9n+7)/8 < 2n+1$.
Ma $(9n+7)/2$ è pari per $n \in D_1 = \{1; 5; 9; 13; 17; 21; 25; 29; ...; 4n+1; 4n+5; ...\}$, quindi nel suo ciclo iterativo c'è sempre un termine divisibile almeno per 4.
Ne consegue che $2n+1$ è in $D_2$ = **{3; 11; 19; 27; 35; 43; 51; 59; ...; 8n+3; 8n+11; ...}**.

**b2)** Se $(9n+7)/2$ è dispari, allora $(9n+7)/2 \to 3((9n+7)/2)+1 = (27n+21)/2+1 = (27n+23)/2$, il quale essendo pari in virtù dell'algoritmo: $(27n+23)/2 \to (27n+23)/4 < 8n+4 = 4(2n+1) \to (27n+23)/16 < 2n+1$.
E ciò accade se $(27n+23)/2$ è almeno triplamente pari (divisibile per 8). Infatti $(27n+23)/2 \to (27n+23)/4 \to (27n+23)/8 \to (27n+23)/16 < 2n+1$. Ma $(27n+23)/2$ è pari per $n \in D_4 = \{3; 7; 11, 15; 19; 23; 27; 31; ... ; 4n-1; 4n+3; ...\}$, quindi nel suo ciclo iterativo c'è sempre un termine divisibile almeno per 8.
Ma $(9n+7)/2$ è dispari per $n \in D_4 = \{3; 7; 11, 15; 19; 23; 27; 31; ... ; 4n-1; 4n+3; ...\}$.
Ne consegue che $2n+1$ è in $D_3$ = **{7; 15; 23; 31; 39; 47; 55; 63; ...; 8n-1; 8n+7; ...}**.

Abbiamo individuato tre insiemi di numeri dispari nei

cui cicli iterativi c'è sempre un termine $a_n < 2n+1$. Essi sono:

$D_1 = \{5; 9; 13; 17; 21; 25; 29; 33; \ldots ; 4n+1; 4n+5; \ldots\}$
$D_2 = \{3; 11; 19; 27; 35; 43; 51; 59; \ldots; 8n+3; 8n+11; \ldots\}$
$D_3 = \{7; 15; 23; 31; 39; 47; 55; 63; \ldots; 8n-1; 8n+7; \ldots\}$

Ma $D_1 \cup D_2 \cup D_3 = D^* = \{3; 5; 7; 9; 11; 13; 15; 17; 19; 21; 23; 25; 27; 29; 31; \ldots; 2n+1; 2n+3; \ldots\} = D - \{1\}$, con 1 generatore del ciclo finale e quindi banale. Possiamo perciò concludere che $\exists\, a_n \in S(2n+1): a_n < 2n+1$, $\forall\, (2n+1) \in D \to$ C.V.D.

## Aggiunta al teorema 2n+1

a) $2n+1 \in D_1$

**3n+2** è pari per $n \in P = \{2; 4; 6; 8; 10; ...; 2n; 2n+2; ...\}$.
È semplicemente pari per $n \in P' = \{4; 8; 12; 16; 20; ...; 4n; 4n+4; ...\}$.
$n = \mathbf{4n} \to 2n+1 = 2(4n)+1 = \mathbf{8n+1}$; $3n+2 = 3(4n)+2 = 12n+2 \to \mathbf{6n+1 < 8n+1}$.
È doppiamente pari per $n \in P'' = \{6; 14; 22; 30; 38; ...; 8n-2; 8n+6; ...\}$.
$n = \mathbf{8n-2} \to 2n+1 = 2(8n-2)+1 = \mathbf{16n-3}$; $3n+2 = 3(8n-2)+2 = 24n-4 \to \mathbf{12n-2 < 16n-3}$.
È almeno triplamente pari per $n \in P''' = \{2; 10; 18; 26; 34, ...; 8n-6; 8n+2; ...\}$.
$n = \mathbf{8n-6} \to 2n+1 = 2(8n-6)+1 = \mathbf{16n-11}$; $3n+2 = 3(8n-6)+2 = 24n-16 \to \mathbf{12n-8 < 16n-11}$.

$P' \cup P'' \cup P''' = P \to \forall\, n \in P : (3n+2)/2 < 2n+1 \in D_1$.

Se **3n+2** è semplicemente pari allora **6n+1** è dispari.
6n+1 è in $D_1$ per $n \in P = \{2; 4; 6; 8; 10; ...; 2n; 2n+2; ...\}$.
$n = \mathbf{2n} \to 6n+1 = 6(2n)+1 = \mathbf{12n+1}$ in $D_1$.
6n+1 è in $D_2$ per $n \in D_4 = \{3; 7; 11; 15; 19; ...; 4n-1; 4n+3; ...\}$.
$n = \mathbf{4n-1} \to 6n+1 = 6(4n-1)+1 = \mathbf{24n-5}$ in $D_2$.
6n+1 è in $D_3$ per $n \in D_1 = \{1; 5; 9; 13; 17; ...; 4n-3; 4n+1; ...\}$.
$n = \mathbf{4n-3} \to 6n+1 = 6(4n-3)+1 = \mathbf{24n-17}$ in $D_3$.

Se **3n+2** è doppiamente pari allora **12n-2 → 6n-1** è dispari.

$6n-1$ è in $D_1$ per $n \in D = \{1; 3; 5; 7; 9; ...; 2n-1; 2n+1; ...\}$.
$n = 2n-1 \rightarrow 6n-1 = 6(2n-1)-1 = \mathbf{12n-7}$ in $D_1$.
$6n-1$ è in $D_2$ per $n \in P_2 = \{2; 6; 10; 14; 18; ...; 4n-2; 4n+2; ...\}$.
$n = \mathbf{4n-2} \rightarrow 6n-1 = 6(4n-2)-1 = \mathbf{24n-13}$ in $D_2$.
$6n-1$ è in $D_3$ per $n \in P_1 = \{4; 8; 12; 16; 20; ...; 4n; 4n+4; ...\}$.
$n = \mathbf{4n} \rightarrow 6n-1 = 6(4n)-1 = \mathbf{24n-1}$ in $D_3$.

Se $\mathbf{3n+2}$ è almeno triplamente pari allora $\mathbf{12n-8} \rightarrow 6n-4 \rightarrow \mathbf{3n-2}$
$3n-2$ può essere pari o dispari.
$3n-2$ è pari per $n \in P$; $n = \mathbf{2n} \rightarrow 3n-2 = 3(2n)-2 = 6n-2 \rightarrow \mathbf{3n-1}$ può essere pari o dispari ... e così via.
$3n-2$ è dispari per $n \in D = \{1; 3; 5; 7; 9; ...; 2n-1; 2n+1; ...\}$.
$n = \mathbf{2n-1} \rightarrow 3n-2 = 3(2n-1)-2 = \mathbf{6n-5}$
$6n-5$ è in $D_1$ per $n \in D = \{1; 3; 5; 7; 9; ...; 2n-1; 2n+1; ...\}$.
$n = \mathbf{2n-1} \rightarrow 6n-5 = 6(2n-1)-5 = \mathbf{12n-11}$ in $D_1$.
$6n-5$ è in $D_2$ per $n \in P_1 = \{4; 8; 12; 16; 20; ...; 4n; 4n+4; ...\}$.
$n = \mathbf{4n} \rightarrow 6n-5 = 6(4n)-5 = \mathbf{24n-5}$ in $D_2$.
$6n-5$ è in $D_3$ per $n \in P_2 = \{2; 6; 10; 14; 18; ...; 4n-2; 4n+2; ...\}$.
$n = \mathbf{4n-2} \rightarrow 6n-5 = 6(4n-2)-5 = \mathbf{24n-17}$ in $D_3$.
Le formule delle trasformazioni sono uguali o equivalenti a quelle dei numeri dispari $6n+1$.

b1) $2n+1 \in D_2$

$\mathbf{(9n+7)/2}$ è pari per $n \in D_1 = \{1; 5; 9; 13; 17; ...; 4n+1;$

4n+5; ...}.
È doppiamente pari per n ∈ $D_1'$ = {9; 25; 41; 57; 73; ...; 16n-7; 16n+9; ...}.
n = **16n-7** → 2n+1 = 2(16n-7)+1 = **32n-13**; (9n+7)/2 = [9(16n-7)+7]/2 = 72n-28 → 36n-14 → **18n-7** < **32n-13**.
È almeno triplamente pari per n ∈ $D_1''$ = {1; 17; 33; 49; 65; ...; 16n-15; 16n+1; ...}.
n = **16n-15** → 2n+1 = 2(16n-15)+1 = **32n-29**; (9n+7)/2 = [9(16n-15)+7]/2 = 72n-64 → 36n-32 → **18n-16** < **32n-29**.

$D_1' \cup D_1'' = D_1''' $ = {1; 9; 17; 25; 33; ...; 8n-7; 8n+1; ...} ⊂ $D_1$ → ∀ n ∈ $D_1'''$ : (9n+7)/8 < 2n+1 ∈ $D_2$.

**(9n+7)/2** è semplicemente pari per n ∈ $D_{1a}$ = {5; 13; 21; 29; 37; ...; 8n-3; 8n+5; ...}.
n = **8n-3** → (9n+7)/2 = [9(8n-3)+7]/2 = 36n-10 → **18n-5** è dispari.
18n-5 è in $D_1$ per n ∈ D = {1; 3; 5; 7; 9; ...; 2n-1; 2n+1; ...}.
n = **2n-1** → 18n-5 = 18(2n-1)-5 = **36n-23** in $D_1$.
18n-5 è in $D_2$ per n ∈ $P_1$ = {4; 8; 12; 16; 20; ...; 4n; 4n+4; ...}.
n = **4n** → 18n-5 = 18(4n)-5 = **72n-5** in $D_2$.
18n-5 è in $D_3$ per n ∈ $P_2$ = {2; 6; 10; 14; 18; ...; 4n-2; 4n+2; ...}.
n = **4n-2** → 18n-5 = 18(4n-2)-5 = **72n-41** in $D_3$.

Se **(9n+7)/2** è doppiamente pari allora **18n-7** è dispari.
18n-7 è in $D_1$ per n ∈ P = {2; 4; 6; 8; 10; ...; 2n; 2n+2; ...}.
n = **2n** → 18n-7 = 18(2n)-7 = **36n-7** in $D_1$.
18n-7 è in $D_2$ per n ∈ $D_1$ = {1; 5; 9; 13; 17; ...; 4n-3; 4n+1;

...}.
$n = 4n-3 \rightarrow 18n-7 = 18(4n-3)-7 = \mathbf{72n-61}$ in $D_2$.
18n-7 è in $D_3$ per $n \in D_4 = \{3; 7; 11; 15; 19; ...; 4n-1; 4n+3; ...\}$.
$n = 4n-1 \rightarrow 18n-7 = 18(4n-1)-7 = \mathbf{72n-25}$ in $D_3$.

Se **(9n+7)/2** è almeno triplamente pari allora **18n-16** $\rightarrow$ **9n-8**
9n-8 può essere pari o dispari.
9n-8 è pari per $n \in P$; $n = \mathbf{2n} \rightarrow 9n-8 = 9(2n)-8 = 18n-8 \rightarrow$ **9n-4** può essere pari o dispari ... e così via.
9n-8 è dispari per $n \in D = \{1; 3; 5; 7; 9; ...; 2n-1; 2n+1; ...\}$.
$n = \mathbf{2n-1} \rightarrow 9n-8 = 9(2n-1)-8 = \mathbf{18n-17}$
18n-17 è in $D_1$ per $n \in D = \{1; 3; 5; 7; 9; ...; 2n-1; 2n+1; ...\}$.
$n = \mathbf{2n-1} \rightarrow 18n-17 = 18(2n-1)-17 = \mathbf{36n-35}$ in $D_1$.
18n-17 è in $D_2$ per $n \in P_2 = \{2; 6; 10; 14; 18; ...; 4n-2; 4n+2; ...\}$.
$n = \mathbf{4n-2} \rightarrow 18n-17 = 18(4n-2)-17 = \mathbf{72n-53}$ in $D_2$.
18n-17 è in $D_3$ per $n \in P_1 = \{4; 8; 12; 16; 20; ...; 4n; 4n+4; ...\}$.
$n = \mathbf{4n} \rightarrow 18n-17 = 18(4n)-17 = \mathbf{72n-17}$ in $D_3$.

b2) $2n+1 \in D_3$

**(27n+23)/2** è pari per $n \in D_4 = \{3; 7; 11; 15; 19; ...; 4n-1; 4n+3; ...\}$.
È almeno triplamente pari per $n \in D_4' = \{11; 27; 43; 59; 75; ...; 16n-5; 16+11; ...\}$.
$n = 16n-5 \rightarrow 2n+1 = 2(16n-5)+1 = \mathbf{32n-9}$; (27n+23)/2 =

$[27(16n-5)+23]/2 = 216n-56 \to 108n-28 \to 54n-14 \to$ **27n-7** $<$ **32n-9**.

$D_4' \subset D_4 \to \forall\, n \in D_4' : (27n+23)/16 < 2n+1 \in D_3$.

**(27n+23)/2** è semplicemente pari per $n \in D_3 = \{7; 15; 23; 31; 39; \ldots; 8n-1; 8n+7; \ldots\}$.
$n = \mathbf{8n-1} \to (27n+23)/2 = [27(8n-1)+23]/2 = 108n-2 \to$ **54n-1** è dispari.
54n-1 è in $D_1$ per $n \in D = \{1; 3; 5; 7; 9; \ldots; 2n-1; 2n+1; \ldots\}$.
$n = \mathbf{2n-1} \to 54n-1 = 54(2n-1)-1 = \mathbf{108n-55}$ in $D_1$.
54n-1 è in $D_2$ per $n \in P_2 = \{2; 6; 10; 14; 18; \ldots; 4n-2; 4n+2; \ldots\}$.
$n = \mathbf{4n-2} \to 54n-1 = 54(4n-2)-1 = \mathbf{216n-109}$ in $D_2$.
54n-1 è in $D_3$ per $n \in P_1 = \{4; 8; 12; 16; 20; \ldots; 4n; 4n+4; \ldots\}$.
$n = \mathbf{4n} \to 54n-1 = 54(4n)-1 = \mathbf{216n-1}$ in $D_3$.

**(27n+23)/2** è doppiamente pari per $n \in D_{2a} = \{3; 19; 35; 51; 67; \ldots; 16n-13; 16n+3; \ldots\}$.
$n = \mathbf{16n-13} \to (27n+23)/2 = [27(16n-13)+23]/2 = 216n-164 \to 108n-82 \to$ **54n-41** è dispari.
54n-41 è in $D_1$ per $n \in D = \{1; 3; 5; 7; 9; \ldots; 2n-1; 2n+1; \ldots\}$.
$n = \mathbf{2n-1} \to 54n-41 = 54(2n-1)-41 = \mathbf{108n-95}$ in $D_1$.
54n-41 è in $D_2$ per $n \in P_2 = \{2; 6; 10; 14; 18; \ldots; 4n-2; 4n+2; \ldots\}$.
$n = \mathbf{4n-2} \to 54n-41 = 54(4n-2)-41 = \mathbf{216n-149}$ in $D_2$.
54n-41 è in $D_3$ per $n \in P_1 = \{4; 8; 12; 16; 20; \ldots; 4n; 4n+4; \ldots\}$.

$n = \mathbf{4n} \rightarrow 54n-41 = 54(4n)-41 = \mathbf{216n-41}$ in $D_3$.

Se $\mathbf{(27n+23)/2}$ è almeno triplamente pari.
**27n-7** può essere pari o dispari.
27n-7 è pari per $n \in D$; $n = \mathbf{2n-1} \rightarrow 27n-7 = 27(2n-1)-7 = 54n-34 \rightarrow \mathbf{27n-17}$ può essere pari o dispari … e così via.
27n-7 è dispari per $n \in P = \{2; 4; 6; 8; 10; …; 2n; 2n+2; …\}$.
$n = \mathbf{2n} \rightarrow 27n-7 = 27(2n)-7 = \mathbf{54n-7}$
54n-7 è in $D_1$ per $n \in P = \{2; 4; 6; 8; 10; …; 2n; 2n+2; …\}$.
$n = \mathbf{2n} \rightarrow 54n-7 = 54(2n)-7 = \mathbf{108n-7}$ in $D_1$.
54n-7 è in $D_2$ per $n \in D_4 = \{3; 7; 11; 15; 19; …; 4n-1; 4n+3; …\}$.
$n = \mathbf{4n-1} \rightarrow 54n-7 = 54(4n-1)-7 = \mathbf{216n-61}$ in $D_2$.
54n-7 è in $D_3$ per $n \in D_1 = \{1; 5; 9; 13; 17; …; 4n-3; 4n+1; …\}$.
$n = \mathbf{4n-3} \rightarrow 54n-7 = 54(4n-3)-7 = \mathbf{216n-169}$ in $D_3$.

Aggiunta al teorema 2n+3

Il teorema 2n+3 è equivalente al teorema 2n+1 e le formule che da esso si ricavano sono perfettamente uguali a quelle ricavate dal teorema 2n+1.

Riassumendo:

a)
$2n+1 \in D_1 \rightarrow 6n+4 \rightarrow 3n+2 \rightarrow (3n+2)/2 < 2n+1$
Un numero dispari in $D_1$ assume un valore minore di sé stesso dopo tre applicazioni dell'algoritmo di Collatz (3 passi). Ciò sempre accade.

b1)
$2n+1 \in D_2 \to 6n+4 \to 3n+2 \to 9n+7 \to (9n+7)/2 \to$
$(9n+7)/4 \to (9n+7)/8 < 2n+1$
Un numero dispari in $D_2$ assume un valore minore di sé stesso dopo sei applicazioni dell'algoritmo di Collatz (6 passi). Se ciò non accade si trasforma in un numero dispari o in $D_1$ o in $D_2$ o in $D_3$ fino a quando nel suo ciclo iterativo, prima o poi, c'è un numero dispari in $D_1$ che diventa almeno doppiamente pari assumendo un valore minore del numero generatore.

b2)
$2n+1 \in D_3 \to 6n+4 \to 3n+2 \to 9n+7 \to (9n+7)/2 \to$
$(27n+23)/2 \to (27n+23)/4 \to (27n+23)/8 \to (27n+23)/16 < 2n+1$
Un numero dispari in $D_3$ assume un valore minore di sé stesso dopo otto applicazioni dell'algoritmo di Collatz (8 passi). Se ciò non accade si trasforma in un numero dispari o in $D_1$ o in $D_2$ o in $D_3$ fino a quando nel suo ciclo iterativo, prima o poi, c'è un numero dispari in $D_1$ che diventa almeno triplamente pari assumendo un valore minore del numero generatore.

Schemi delle trasformazioni:

$D_1$

$$3n+2 \to \begin{cases} semplicemente\ pari: 6n+1 \to \begin{cases} 12n+1\ in\ D_1 \\ 24n-5\ in\ D_2 \\ 24n-17\ in\ D_3 \end{cases} \\ doppiamente\ pari: 6n-1 \to \begin{cases} 12n-7\ in\ D_1 \\ 24n-13\ in\ D_2 \\ 24n-1\ in\ D_3 \end{cases} \\ almeno\ triplamente\ pari: 6n-5 \to \begin{cases} 12n-11\ in\ D_1 \\ 24n-5\ in\ D_2 \\ 24n-17\ in\ D_3 \end{cases} \end{cases}$$

$D_2$

$$\frac{9n+7}{2} \to \begin{cases} semplicemente\ pari: 18n-5 \to \begin{cases} 36n-23\ in\ D_1 \\ 72n-5\ in\ D_2 \\ 72n-41\ in\ D_3 \end{cases} \\ doppiamente\ pari: 18n-7 \to \begin{cases} 36n-7\ in\ D_1 \\ 72n-61\ in\ D_2 \\ 72n-25\ in\ D_3 \end{cases} \\ almeno\ triplamente\ pari: 18n-17 \to \begin{cases} 36n-35\ in\ D_1 \\ 72n-53\ in\ D_2 \\ 72n-17\ in\ D_3 \end{cases} \end{cases}$$

$D_3$

$$\frac{27n+23}{2} \to \begin{cases} semplicemente\ pari: 54n-1 \to \begin{cases} 108n-55\ in\ D_1 \\ 216n-109\ in\ D_2 \\ 216n-1\ in\ D_3 \end{cases} \\ doppiamente\ pari: 54n-41 \to \begin{cases} 108n-95\ in\ D_1 \\ 216n-149\ in\ D_2 \\ 216n-41\ in\ D_3 \end{cases} \\ almeno\ triplamente\ pari: 54n-7 \to \begin{cases} 108n-7\ in\ D_1 \\ 216n-61\ in\ D_2 \\ 216n-169\ in\ D_3 \end{cases} \end{cases}$$

Nota

I risultati delle formule di trasformazione non sono mai numeri dispari divisibili per 3. Infatti:

$\forall$ (2n+1) $\in$ D $\to$ 3(2n+1)+1 = 6n+4 $\to$ 3n+2 può essere pari o dispari, $\forall$ n $\in$ N: 3n+2 non è divisibile per 3.

Possiamo perciò enunciare i seguenti corollari:

Corollario 1:
Nei cicli dei collegamenti nessun numero dispari si collega a un numero dispari divisibile per 3.

Corollario 2:
Nei cicli dei collegamenti nessun numero dispari si collega a un numero pari divisibile per 3.

In generale:

Corollario 3:
Se le successioni ottenute applicando l'algoritmo di Collatz iniziano da un numero generatore dispari, allora i numeri dispari divisibili per 3 compaiono soltanto come numeri generatori.

Corollario 4:
Se una successione ottenuta applicando l'algoritmo di Collatz inizia da un numero generatore dispari, allora in essa non compaiono numeri pari divisibili per 3.

# Note esplicative

a)
Le dimostrazioni del teorema 2n+1 e del teorema 2n+3, $\forall$ n $\in$ N: n ≠ 0, presuppongono la condizione che nei cicli iterativi dei numeri dispari, ottenuti applicando l'algoritmo di Collatz, ci siano termini o almeno doppiamente pari o almeno triplamente pari che diventano minori del numero generatore, cioè: $\exists\, a_n \in S(2n+1)$: $a_n < 2n+1$, $\exists\, a_n \in S(2n+3)$: $a_n < 2n+3$, ma ciò, per quanto esposto (prima o poi anche nei cicli molto lunghi), è sempre vero. Le formule che lo attestano, ricavate dalle dimostrazioni, sono qui di seguito elencate e chiarite.

Teorema 2n+1

$2n+1 \in D_1 = \{5; 9; 13; 17; \ldots; \mathbf{4n+1}; \ldots\}$, 3n+2 è pari se n $\in$ P = $\{2; 4; 6; 8; \ldots; \mathbf{2n}; \ldots\}$.

Esempi:
n = 2 → 2n+1 = 5 e **3n+2** = 8 → **4** < 5
n = 4 → 2n+1 = 9 e **3n+2** = 14 → **7** < 9
n = 6 → 2n+1 = 13 e **3n+2** = 20 → **10** < 13
n = 8 → 2n+1 = 17 e **3n+2** = 26 → **13** < 17
… …

n = **2n** → 2n+1 = **4n+1** e 3n+2 = **3(2n)+2** = 6n+2 → **3n+1** < 4n+1
… …

$2n+1 \in D_2 = \{3; 11; 19; 27; \ldots; 8n+3; \ldots\}$, $(9n+7)/2$ è almeno doppiamente pari se $n \in D_1 = \{1; 5; 9; 13; \ldots; 4n+1; \ldots\}$. Ciò accade se $(9(4n+1)+7)/2 = 18n+8 \to 9n+4$ è pari, e ciò accade se $n \in P = \{2; 4; 6; 8; \ldots; 2n; \ldots\}$.

Esempi:
$n = 2 \to 8n+3 = 19$ e $4n+1 = 9 \to (9n+7)/2 = 44 \to 22$
$\to 11 < 19$
$n = 4 \to 8n+3 = 35$ e $4n+1 = 17 \to (9n+7)/2 = 80 \to 40$
$\to 20 < 35$
$n = 6 \to 8n+3 = 51$ e $4n+1 = 25 \to (9n+7)/2 = 116 \to$
$58 \to 29 < 51$
$n = 8 \to 8n+3 = 67$ e $4n+1 = 33 \to (9n+7)/2 = 152 \to$
$76 \to 38 < 67$

… …

$n = 2n \to 8n+3 = 16n+3$ e $4n+1 = 8n+1 \to (9(8n+1)+7)/2$
$= 36n+8 \to 18n+4 \to 9n+2 < 16n+3$

… …

Ulteriori analisi sui cicli dei collegamenti dei numeri dispari in $D_2$ sono svolte nella nota b) e nella nota c2).

$2n+1 \in D_3 = \{7; 15; 23; 31; \ldots; 8n-1; \ldots\}$, $(27n+23)/2$ è almeno triplamente pari se $n \in D_4 = \{3; 7; 11; 15; \ldots; 4n-1; \ldots\}$. Ciò accade se $(27(4n-1)+23)/2 = 54n-2 \to 27n-1$ è doppiamente pari, e ciò accade se $n \in D_4 = \{3; 7; 11; 15; \ldots; 4n-1; \ldots\}$.

Esempi:

$n = 3 \to 8n-1 = \mathbf{23}$ e $\mathbf{4n-1} = 11 \to \mathbf{(27n+23)/2} = 160 \to 80 \to 40 \to \mathbf{20} < 23$

$n = 7 \to 8n-1 = \mathbf{55}$ e $\mathbf{4n-1} = 27 \to \mathbf{(27n+23)/2} = 376 \to 188 \to 94 \to \mathbf{47} < 55$

$n = 11 \to 8n-1 = \mathbf{87}$ e $\mathbf{4n-1} = 43 \to \mathbf{(27n+23)/2} = 592 \to 296 \to 148 \to \mathbf{74} < 87$

$n = 15 \to 8n-1 = \mathbf{119}$ e $\mathbf{4n-1} = 59 \to \mathbf{(27n+23)/2} = 808 \to 404 \to 202 \to \mathbf{101} < 119$

... ...

$n = \mathbf{4n-1} \to 8n-1 = \mathbf{32n-9}$ e $\mathbf{4n-1} = 16n-5 \to \mathbf{(27(16n-5)+23)/2} = 216n-56 \to 108n-28 \to 54n-14 \to \mathbf{27n-7} < 32n-9$

... ...

Ulteriori analisi sui cicli dei collegamenti dei numeri dispari in $D_3$ sono svolte nella nota b) e nella nota c3).

Teorema 2n+3

$2n+3 \in D_1 = \{5; 9; 13; 17; ...; \mathbf{4n+1}; ...\}$, $\mathbf{3n+5}$ è pari se $n \in D = \{1; 3; 5; 7; ...; \mathbf{2n-1}; ...\}$.

$2n+3 \in D_2 = \{11; 19; 27; 35; ...; \mathbf{8n+3}; ...\}$, $\mathbf{(9n+16)/2}$ è almeno doppiamente pari se $n \in P_1 = \{4; 8; 12; 16; ...; \mathbf{4n}; ...\}$. Ciò accade se $(9(\mathbf{4n})+16)/2 = 18n+8 \to 9n+4$ è pari, e ciò accade se $n \in P = \{2; 4; 6; 8; ...; \mathbf{2n}; ...\}$.

$2n+3 \in D_3 = \{7; 15; 23; 31; ...; \mathbf{8n-1}; ...\}$, $\mathbf{(27n+50)/2}$ è almeno triplamente pari se $n \in P_2 = \{2; 6; 10; 14; ...; \mathbf{4n-}$

2; ...}. Ciò accade se $(27(4n-2)+50)/2 = 54n-2 \to 27n-1$ è doppiamente pari, e ciò accade se $n \in D_4 = \{3; 7; 11; 15; ...; 4n-1; ...\}$.

Gli esempi fatti per il teorema 2n+1 valgono anche per il teorema 2n+3. Come vedremo nel paragrafo Appendice è indifferente applicare le formule ricavate dall'uno o dall'altro. Qui ci limitiamo a convalidare l'asserzione nei casi generali.

$n = 2n-1 \to 2n+3 = 4n+1$ e $3(2n-1)+5 = 6n+2 \to 3n+1 < 4n+1$

$n = 2n \to 8n+3 = 16n+3$ e $4n = 8n \to (9(8n)+16)/2 = 36n+8 \to 18n+4 \to 9n+2 < 16n+3$

$n = 4n-1 \to 8n-1 = 32n-9$ e $4n-2 = 16n-6 \to (27(16n-6)+50)/2 = 216n-56 \to 108n-28 \to 54n-14 \to 27n-7 < 32n-9$

b)
Nelle dimostrazioni abbiamo individuato tre insiemi di numeri dispari.
$D_1 = \{5; 9; 13; 17; 21; 25; 29; 33; ... ; 4n+1; 4n+5; ...\}$
$D_2 = \{11; 19; 27; 35; 43; 51; 59; 67; ...; 8n+3; 8n+11; ...\}$
$D_3 = \{7; 15; 23; 31; 39; 47; 55; 63; ...; 8n-1; 8n+7; ...\}$

Verifichiamo i teoremi per alcuni valori in $D_1$:

$5 \to 16 \to 8 \to 4 < 5$, il ciclo del 5 si collega a quello del 4.
$9 \to 28 \to 14 \to 7 < 9$, il ciclo del 9 si collega a quello del

7 in $D_3$.
13 → 40 → 20 → 10 < 13, il ciclo del 13 si collega a quello del 10.
17 → 52 → 26 → 13 < 17, il ciclo del 17 si collega a quello del 13 in $D_1$.
21 → 64 → 32 → 16 < 21, il ciclo del 21 si collega a quello del 16.
25 → 76 → 38 → 19 < 25, il ciclo del 25 si collega a quello del 19 in $D_2$.
29 → 88 → 44 → 22 < 29, il ciclo del 29 si collega a quello del 22.
33 → 100 → 50 → 25 < 33, il ciclo del 33 si collega a quello del 25 in $D_1$.
37 → 112 → 56 → 28 < 37, il ciclo del 37 si collega a quello del 28.
41 → 124 → 62 → 31 < 41, il ciclo del 41 si collega a quello del 31 in $D_3$.
45 → 136 → 68 → 34 < 45, il ciclo del 45 si collega a quello del 34.
49 → 148 → 74 → 37 < 49, il ciclo del 49 si collega a quello del 37 in $D_1$.
53 → 160 → 80 → 40 < 53, il ciclo del 53 si collega a quello del 40.
57 → 172 → 86 → 43 < 57, il ciclo del 57 si collega a quello del 43 in $D_2$.
61 → 184 → 92 → 46 < 61, il ciclo del 61 si collega a quello del 46.
65 → 196 → 98 → 49 < 65, il ciclo del 65 si collega a quello del 49 in $D_1$.

69 → 208 → 104 → 52 < 69, il ciclo del 69 si collega al ciclo del 52.
73 → 220 → 110 → 55 < 73, il ciclo del 73 si collega al ciclo del 55 in $D_3$.
……  ……

Osserviamo che per i numeri dispari in $D_1$ i collegamenti dei cicli si alternano tra pari e dispari, e i dispari si avvicendano rispettando l'alternanza: $D_1$, $D_2$, $D_1$, $D_3$, $D_1$, … .

Verifichiamo i teoremi per alcuni valori in $D_2$ :
11 → 34 → 17 → 52 → 26 → 13 → 40 → 20 → 10 < 11, il ciclo del 11 si collega a quello del 10. È da notare che 40 = 4·10.
19 → 58 → 29 → 88 → 44 → 22 → 11 < 19, il ciclo del 19 si collega a quello del 11 in $D_2$. È da notare che 44 = 4·11.
27 → 82 → 41 → 124 → 62 → 31 (da questo valore si aggancia al ciclo del 31 in $D_3$, il quale, come vedremo più avanti, si collega al ciclo del 23, quindi 23 < 27), il ciclo del 27 si collega a quello del 23 in $D_3$.
35 → 106 → 53 → 160 → 80 → 40 → 20 < 35, il ciclo del 35 si collega a quello del 20. È da notare che 80 = 4·20.
43 → 130 → 65 → 196 → 98 → 49 → 148 → 74 → 37 < 43, il ciclo del 43 si collega a quello del 37 in $D_1$. È da notare che 148 = 4·37.
51 → 154 → 77 → 232 → 116 → 58 → 29 < 51, il ciclo del 51 si collega a quello del 29 in $D_1$. È da notare che 116 = 4·29.

59 → 178 → 89 → 268 → 134 → 67 → 202 → 101 → 304 → 152 → 76 → 38 < 59, il ciclo del 59 si collega a quello del 38. È da notare che 152 = 4·38.
67 → 202 → 101 → 304 → 152 → 76 → 38 < 67, il ciclo del 67 si collega a quello del 38. È da notare che 152 = 4·38. Osserviamo che il ciclo de 67 è già presente in quello del 59.
75 → 226 → 113 → 340 → 170 → 85 → 256 → 128 → 64 < 75, il ciclo del 75 si collega a quello del 64. È da notare che 256 = 4·64.
83 → 250 → 125 → 376 → 188 → 94 → 47 < 83, il ciclo del 83 si collega a quello del 47 in $D_3$. È da notare che 188 = 4·47.
91 → 274 → 137 → ... → 7288 → ... → 9232 → ... → 976 → 488 → 244 → 122 → 61 < 91, il ciclo del 91 si collega a quello del 61 in $D_1$ dopo 74 passi. È da notare che 244 = 4·61.
99 → 298 → 149 → 448 → 224 → 112 → 56 < 99, il ciclo del 99 si collega a quello del 56. È da notare che 224 = 4·56.
107 → 322 → 161 → 484 → 242 → 121 → 364 → 182 → 91 < 107, il ciclo del 107 si collega a quello del 91 in $D_2$. È da notare che 364 = 4·91.
115 → 346 → 173 → 520 → 260 → 130 → 65 < 115, il ciclo del 115 si collega a quello del 65 in $D_1$. È da notare che 260 = 4·65.
123 → 370 → 185 → 556 → 278 → 139 → 418 → 209 → 628 → 314 → 157 → 472 → 236 → 118 < 123, il ciclo del 123 si collega a quello del 118. È da notare che

$472 = 4 \cdot 118$.
$131 \to 394 \to 197 \to 592 \to 296 \to 148 \to 74 < 131$, il ciclo del 131 si collega a quello del 74. È da notare che $296 = 4 \cdot 74$.
... ...

Nei collegamenti dei cicli dei numeri dispari in $D_2$ non c'è una regola precisa. Al collegamento a un ciclo nei pari possono seguirne due nei dispari, al collegamento a un ciclo nei dispari possono seguirne due nei pari. Il collegamento a un ciclo nei pari può essere doppio, come nel caso del 38 al quale si collegano i numeri 59 e 67. Tante altre sono le possibili alternanze.

Verifichiamo i teoremi per alcuni valori in $D_3$:

$7 \to 22 \to 11 \to 34 \to 17 \to 52 \to 26 \to 13 \to 40 \to 20 \to 10 \to 5 < 7$, il ciclo del 7 si collega a quello del 5 in $D_1$. È da notare che $40 = 8 \cdot 5$.
$15 \to 46 \to 23 \to 70 \to 35 \to 106 \to 53 \to 160 \to 80 \to 40 \to 20 \to 10 < 15$, il ciclo del 15 si collega a quello del 10. È da notare che $80 = 8 \cdot 10$.
$23 \to 70 \to 35 \to 106 \to 53 \to 160 \to 80 \to 40 \to 20 < 23$, il ciclo del 23 si collega a quello del 20. È da notare che $160 = 8 \cdot 20$.
$31 \to 94 \to 47 \to 142 \to 71 \to 214 \to 107 \to 322 \to 161 \to 484 \to 242 \to 121 \to \ldots \to 182 \to 91 \to \ldots \to 61 \to 184 \to 92 \to 46 \to 23 < 31$, il ciclo del 31 si collega a quello del 23 in $D_3$ dopo 91 passi. È da notare che 184

$= 8 \cdot 23$.

$39 \to 118 \to 59 \to 178 \to 89 \to 268 \to 134 \to 67 \to 202 \to 101 \to 304 \to 152 \to 76 \to 38 < 39$, il ciclo del 39 si collega a quello del 38. È da notare che $304 = 8 \cdot 38$.

$47 \to 142 \to 71 \to 214 \to 107 \to \ldots \to 91 \to \ldots \to 61 \to 184 \to 92 \to 46 < 47$, il ciclo del 47 si collega a quello del 46 dopo 88 passi. È da notare che $184 = 4 \cdot 46$ in quanto 61 è in $D_1$.

$55 \to 166 \to 83 \to 250 \to 125 \to 376 \to 188 \to 94 \to 47 < 55$, il ciclo del 55 si collega a quello del 47 in $D_3$. È da notare che $376 = 8 \cdot 47$.

$63 \to 190 \to 95 \to 286 \to 143 \to \ldots \to 91 \to \ldots \to 9232 \to \ldots \to 1300 \to 650 \to 325 \to 976 \to 488 \to 244 \to 122 \to 61 < 63$, il ciclo del 63 si collega a quello del 61 in $D_1$ dopo 88 passi. È da notare che $488 = 8 \cdot 61$.

$71 \to 214 \to 107 \to \ldots \to 91 \to \ldots \to 976 \to 488 \to 244 \to 122 \to 61 < 71$, il ciclo del 71 si collega anch'esso al ciclo del 61 in $D_1$ dopo 83 passi. È da notare che $488 = 8 \cdot 61$.

$79 \to 238 \to 119 \to 358 \to 179 \to 538 \to 269 \to 808 \to 404 \to 202 \to 101 \to 304 \to 152 \to 76 < 79$, il ciclo del 79 si collega a quello del 76. È da notare che $304 = 4 \cdot 76$ e $808 = 8 \cdot 101$.

$87 \to 262 \to 131 \to 394 \to 197 \to 592 \to 296 \to 148 \to 74 < 87$, il ciclo del 87 si collega a quello del 74. È da notare che $592 = 8 \cdot 74$.

$95 \to 286 \to 143 \to 430 \to 215 \to 646 \to 323 \to 970 \to 485 \to 1456 \to 728 \to 364 \to 182 \to 91 < 95$, il ciclo del 95 si collega a quello del 91 in $D_2$. È da notare che 728

= 8·91.
103 → 310 → 155 → 466 → 233 → 700 → 350 → ... → 334 → 167 → ... → 2158 → ... → 1300 → 650 → 325 → 976 → 488 → 244 → 122 → 61 < 103, il ciclo del 103 si collega a quello del 61 in $D_1$ dopo 67 passi. È da notare che 488 = 8·61.
111 → 334 → 167 → 502 → ... → 488 → 244 → 122 → 61 < 111, il ciclo del 111 si collega a quello del 61 in $D_1$ dopo 49 passi. È da notare che 488 = 8·61.

Anche nei collegamenti dei cicli dei numeri dispari in $D_3$ non c'è una regola precisa. Come avremo modo di vedere nelle tavole dei collegamenti le alternanze sono svariate e imprevedibili, però è interessante notare che ci sono collegamenti doppi al ciclo del 61 per i numeri 63 e 71, 103 e 111; e che ciò accade quando i cicli sono piuttosto lunghi.

c)
c1) Prendiamo in considerazione il generico numero dispari 4n+1 in $D_1$ e applichiamo ad esso l'algoritmo di Collatz: 4n+1 → 3(4n+1)+1 = 12n+4 → 6n+2 → **3n+1** < 4n+1.

Esempi:
Se n = 14 → 4n+1 = 57 e 3n+1 = 43 < 57.
Se n = 15 → 4n+1 = 61 e 3n+1 = 46 < 61.
... ...
Se n = 20 → 4n+1 = 81 e 3n+1 = 61 < 81.
Se n = 21 → 4n+1 = 85 e 3n+1 = 64 < 85.

... ...
Se n = 125 → 4n+1 = 501 e 3n+1 = 376 < 501.
... ...

c2) Prendiamo in considerazione il generico numero dispari 8n+3 in $D_2$ e applichiamo ad esso l'algoritmo di Collatz: 8n+3 → 3(8n+3)+1 = 24n+10 → 12n+5, il quale essendo dispari in $D_1$: 12n+5 → 3(12n+5)+1 = 36n+16 → 18n+8 → **9n+4**, il quale può essere pari o dispari.
Se **9n+4** è pari (e lo è per n pari): 9n+4 → (9n+4)/2 < 8n+3.
Se **9n+4** è dispari (e lo è per n dispari) si collega al ciclo di un dispari o in $D_1$ o in $D_2$ o in $D_3$.

Esempi:
Se n = 6 → 8n+3 = 51 e 12n+5 = 77 in $D_1$ e 9n+4 = 58 → 29 < 51.
Se n = 7 → 8n+3 = 59 e 12n+5 = 89 in $D_1$ e 9n+4 = 67 in $D_2$ → 202 → 101 in $D_1$ → 304 → 152 → 76 → 38 < 59.
Se n = 8 → 8n+3 = 67 e 12n+5 = 101 in $D_1$ e 9n+4 = 76 → 38 < 67.
Se n = 9 → 8n+3 = 75 e 12n+5 = 113 in $D_1$ e 9n+4 = 85 in $D_1$ → 256 → 128 → 64 < 75.
Se n = 10 → 8n+3 = 83 e 12n+5 = 125 in $D_1$ e 9n+4 = 94 → 47 < 83.
Se n = 11 → 8n+3 = 91 e 12n+5 = 137 in $D_1$ e 9n+4 = 103 in $D_3$ → 310 → 155 in $D_2$ → 466 → 233 in $D_1$ → ... → 319 in $D_3$ → ... → 325 in $D_1$ → 976 → 488 → 244 → 122 → 61 < 91.

... ...
Se n = 26 → 8n+3 = 211 e 12n+5 = 317 in $D_1$ e 9n+4 = 238 → 119 < 211.

... ...

c3) Prendiamo in considerazione il generico numero dispari 8n-1 in $D_3$ e applichiamo ad esso l'algoritmo di Collatz: 8n-1 → 3(8n-1)+1 = 24n-2 → **12n-1**, il quale è un dispari o in $D_2$ o in $D_3$. Allora applichiamo ancora l'algoritmo di Collatz: 12n-1 → 3(12n-1)+1 = 36n-2 → **18n-1**, il quale è un dispari o in $D_1$ o in $D_2$ o in $D_3$. Possiamo perciò concludere che il ciclo di un dispari in $D_3$ si collega al ciclo di un altro dispari o in $D_1$ o in $D_2$ o in $D_3$, quindi, per quanto dimostrato in c1) e c2), prima o poi, c'è un termine nel ciclo o doppiamente pari o almeno triplamente pari che diventa minore del suo generatore 8n-1.

Esempi:
Se n = 5 → 8n-1 = 39 e 12n-1 = 59 in $D_2$ e 18n-1 = 89 in $D_1$ → 268 → 134 → 67 in $D_2$ → 202 → 101 in $D_1$ → 304 → 152 → 76 → 38 < 39.
Se n = 6 → 8n-1 = 47 e 12n-1 = 71 in $D_3$ e 18n-1 = 107 in $D_2$ → 322 → 161 in $D_1$ → ... → 91 in $D_2$ → ... → 103 in $D_3$ → ... → 61 in $D_1$ → 184 → 92 → 46 < 47.
Se n = 7 → 8n-1 = 55 e 12n-1 = 83 in $D_2$ e 18n-1 = 125 in $D_1$ → 376 → 188 → 94 → 47 < 55
... ...
Se n = 10 → 8n-1 = 79 e 12n-1 = 119 in $D_3$ e 18n-1 = 179 in $D_2$ → 538 → 269 in $D_1$ → 808 → 404 → 202 → 101

in $D_1 \to 304 \to 152 \to 76 < 79$.
Se n = 11 $\to$ 8n-1 = 87 e 12n-1 = 131 in $D_2$ e 18n-1 = 197 in $D_1 \to 592 \to 296 \to 148 \to 74 < 87$
Se n = 12 $\to$ 8n-1 = 95 e 12n-1 = 143 in $D_3$ e 18n-1 = 215 in $D_3 \to 646 \to 323$ in $D_2 \to 970 \to 485$ in $D_1 \to 1456 \to 728 \to 364 \to 182 \to 91 < 95$.

... ...

Le formule ricavate in c1), c2) e c3), consentono di trovare il termine dal quale un qualsiasi numero dispari diventa minore di se stesso nel ciclo da esso generato. Il procedimento è chiarito negli esempi che seguono.

**149** è in $D_1$ per n = 37 $\to$ 3n+1 = **112** < 149.
**147** è in $D_2$ per n = 18 $\to$ 9n+4 = 166 $\to$ **83** < 147.
**143** è in $D_3$ per n = 18 $\to$ 18n-1 = 323 in $D_2$ per n = 40 $\to$ 9n+4 = 364 $\to$ 182 $\to$ **91** < 143.
**155** è in $D_2$ per n = 19 $\to$ 9n+4 = 175 in $D_3$ per n = 22 $\to$ 18n-1 = 395 in $D_2$ per n = 49 $\to$ 9n+4 = 445 in $D_1$ per n = 111 $\to$ 3n+1 = 334 $\to$ 167 in $D_3$ per n = 21 $\to$ 18n-1 = 377 in $D_1$ per n = 94 $\to$ 3n+1 = 283 in $D_1$ per n = 35 $\to$ 9n+4 = 319 in $D_3$ per n = 40 $\to$ 18n-1 = 719 in $D_3$ per n = 90 $\to$ 18n-1 = 1619 in $D_2$ per n = 202 $\to$ 9n+4 = 1822 $\to$ 911 in $D_3$ per n = 114 $\to$ 18n-1 = 2051 in $D_2$ per n = 256 $\to$ 9n+4 = 2308 $\to$ 1154 $\to$ 577 in $D_1$ per n = 144 $\to$ 3n+1 = 433 in $D_1$ per n = 108 $\to$ 3n+1 = 325 in $D_1$ per n = 81 $\to$ 3n+1 = 244 $\to$ **122** < 155.
**151** è in $D_3$ per n = 19 $\to$ 18n-1 = 341 in $D_1$ per n = 85 $\to$ 3n+1 = 256 $\to$ **128** < 151.

**163** è in $D_2$ per n = 20 → 9n+4 = 184 → **92** < 163.
**159** è in $D_3$ per n = 20 → 18n-1 = 359 in $D_3$ per n = 45 → 18n-1 = 809 in $D_1$ per n = 202 → 3n+1 = 607 in $D_3$ per n = 76 → 18n-1 = 1637 in $D_3$ per n = 171 → 18n-1 = 3077 in $D_1$ per n = 769 → 3n+1 = 2308 → 1154 → 577 in $D_1$ per n = 144 → 3n+1 = 433 in $D_1$ per n = 108 → 3n+1 = 325 in $D_1$ per n = 81 → 3n+1 = 244 → **122** < 159.

## Il labirinto di Siracusa

Abbiamo visto che le infinite successioni generate dall'algoritmo di Collatz costituiscono un labirinto inestricabile di stanze numerate nel quale sembrerebbe impossibile trovare l'uscita. Però con un po' di pazienza nel fare i calcoli, i teoremi dimostrati permettono sempre di trovare l'uscita partendo da una qualsiasi stanza di questo labirinto che chiameremo: *labirinto di Siracusa*.

In fig. 11 è riportata la strategia per uscire dal labirinto di Siracusa trovandoci nella stanza pari numero 104.

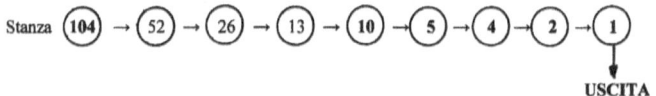

fig. 11

In fig. 12 è riportata la strategia per uscire dal labirinto di Siracusa trovandoci nella stanza pari numero 196.

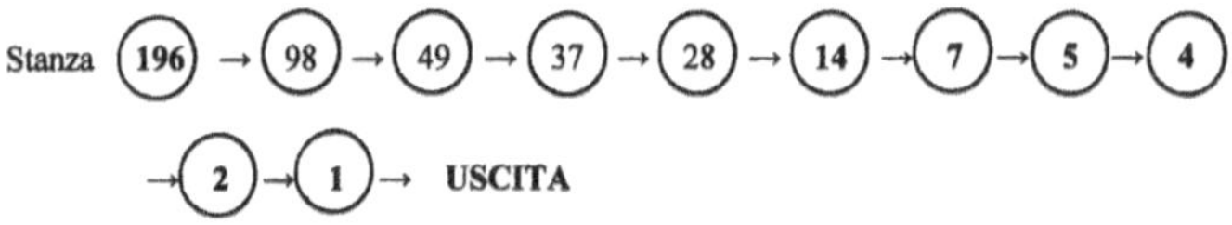

Stanza (196) → (98) → (49) → (37) → (28) → (14) → (7) → (5) → (4) → (2) → (1) → USCITA

fig. 12

In fig. 13 è riportata la strategia per uscire dal labirinto di Siracusa trovandoci nella stanza pari numero 248.

Stanza
248
124
62
31
23
20
4
2
1
USCITA

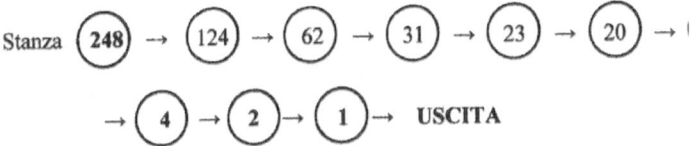

fig. 13

In fig. 14 è riportata la strategia per uscire dal labirinto di Siracusa trovandoci nella stanza pari numero 1008.

Stanza
1008
504
252
126
63
61
46
23
20
10
5
4
2
1
USCITA

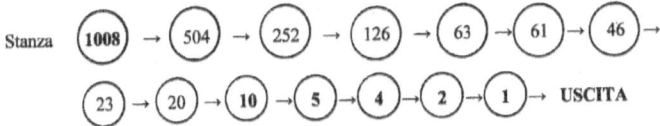

fig. 14

In fig. 15 è riportata la strategia per uscire dal labirinto di Siracusa trovandoci nella stanza dispari numero 99.

Stanza
99
56
28
14
7
5
4
2
1
USCITA

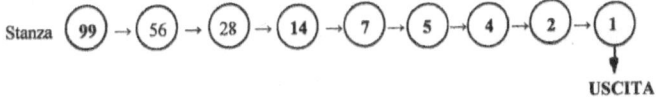

fig. 15

In fig. 16 è riportata la strategia per uscire dal labirinto di Siracusa trovandoci nella stanza dispari numero 101.

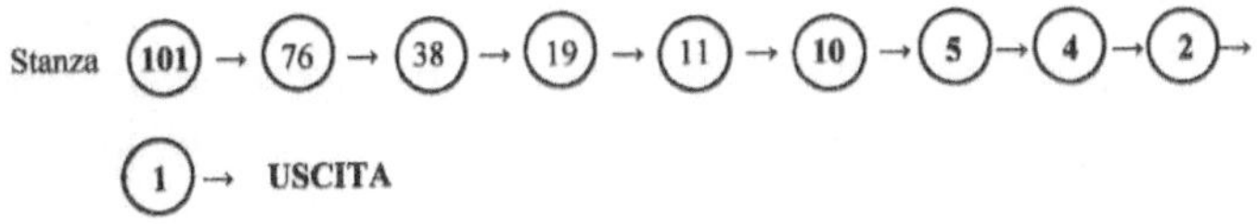

Stanza
101
76
38
19
11
10
5
4
2
1
USCITA

fig. 16

In fig. 17 è riportata la strategia per uscire dal labirinto di Siracusa trovandoci nella stanza dispari numero 257.

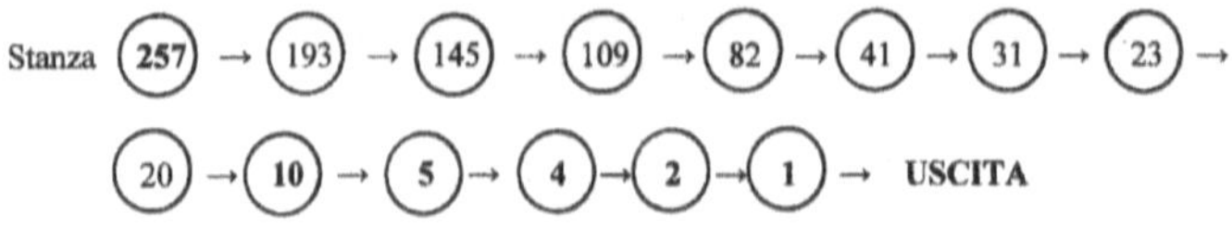

Stanza (257) → (193) → (145) → (109) → (82) → (41) → (31) → (23) → (20) → (10) → (5) → (4) → (2) → (1) → USCITA

fig. 17

In fig. 18 è riportata la strategia per uscire dal labirinto di Siracusa trovandoci nella stanza dispari numero 1947.

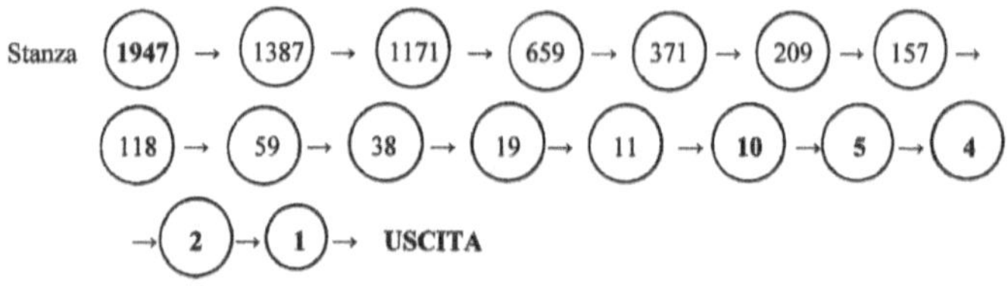

Stanza (1947) → (1387) → (1171) → (659) → (371) → (209) → (157) → (118) → (59) → (38) → (19) → (11) → (10) → (5) → (4) → (2) → (1) → USCITA

fig. 18

La soluzione della congettura di Siracusa permette di trovare l'uscita partendo da una qualsiasi stanza del suo labirinto infinito.

Nota:
In tutti i cicli dei collegamenti, il ciclo finale (ultimi cinque termini = quattro passi) per uscire dal labirinto di Siracusa è: {**10; 5; 4; 2; 1**}; o, più raramente, {**7; 5; 4; 2; 1**}; a meno che nel ciclo non compaia un termine pari del tipo $2^p$, o un termine dispari del tipo $(2^p-1)/3$. In questo caso i successivi passi sono valutabili a priori, e gli ultimi quattro passi sono: $16 \to 8 \to 4 \to 2 \to 1$ = {**16;**

8; 4; 2; 1}.
Un altro ciclo finale nei cicli dei collegamenti è {12; 6; 3; 2; 1}. Tale ciclo è anomalo, in quanto si presenta esclusivamente se i numeri generatori sono del tipo n = $3 \cdot 2^p \in$ I(3) = {3; 6; 12; 24; 48; 96; 192; 384; ...; $3 \cdot 2^p$; $3 \cdot 2^{(p+1)}$; ...}. Gli n $\in$ I(3) non compaiono in nessun altro ciclo iterativo. Non in quelli generati dai numeri pari, infatti: se n $\in$ P, allora n $\to$ n/2, se n/2 = $3 \cdot 2^p$ risulta n = $2 \cdot 3 \cdot 2^p$ = $3 \cdot 2^{(p+1)} \in$ I(3). Non in quelli generati dai numeri dispari: infatti se n $\in$ D allora n $\to$ 3n+1, se 3n+1 = $3 \cdot 2^p$ risulta n = $(3 \cdot 2^p - 1)/3 = 2^p - 1/3$ il che è impossibile.
L'unico numero dispari in I(3) è il 3, il quale, come già visto, genera la sequenza: **3** $\to$ 10 $\to$ 5 $\to$ 16 $\to$ 8 $\to$ 4 $\to$ **2 < 3**. Nel labirinto di Siracusa questo ciclo anomalo, fino al valore 3, può essere considerato come una sequenza infinita di stanze pari, numerate una doppio dell'altra, allineate su un lunghissimo corridoio perfettamente diritto che non è comunicante con nessuna altra stanza del labirinto. Nella metafora della discesa al mare descritta nel paragrafo che segue, invece, può essere interpretato tale a un fiume che sfocia al mare senza avere affluenti né essere immissario. Per n ≥ 3 tutte le successioni generate dai numeri n = $3 \cdot 2^p \in$ I(3) sono monotòne decrescenti tali che $a_n = a_{n-1}/2$. Se, per esempio, il numero generatore è n = $3 \cdot 2^{10}$ = 3072 si ha S(3072) = {3072; 1536; 768; 384; 192; 96; 48; 24; 12; 6; 3}.

## Discesa al mare

Se anziché usare la metafora del labirinto, usassimo quella della discesa al mare, gli esempi di cui sopra si traducono in altrettanti grafici. Ci limitiamo a rappresentare soltanto quelli relativi al numero pari 104 e ai numeri dispari 99 e 101. Gli altri cicli contengono un numero di passi, seppure finito, troppo grande per poter essere rappresentati in un grafico. C'è da tener presente che il ciclo finale {10; 5; 4; 2; 1} si compie in 6 passi, in quanto l' $o(5)$ passa all' $o(4)$ in tre passi, mentre il ciclo finale {7; 5; 4; 2; 1} si compie in 16 passi, in quanto l' $o(7)$ passa all' $o(5)$ in 11 passi e, come già detto, l' $o(5)$ passa all' $o(4)$ in tre passi. Per convenienza questi cicli finali sono rappresentati da un solo tratto di linea, (un solo passo).

In figura 19 è rappresentato il grafico della discesa al mare dall'orizzonte principale del numero 104. Si giunge al mare in 5 passi anziché 12.

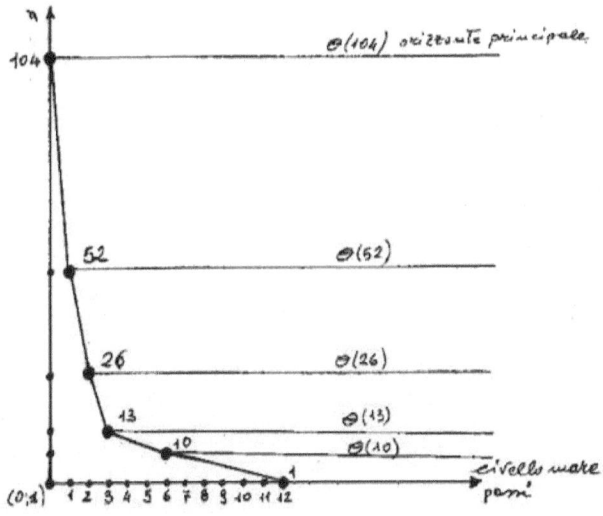

fig. 19

In figura 20 è rappresentato il grafico della discesa al mare dall'orizzonte principale del numero 99. Si giunge al mare in 5 passi anziché 25.

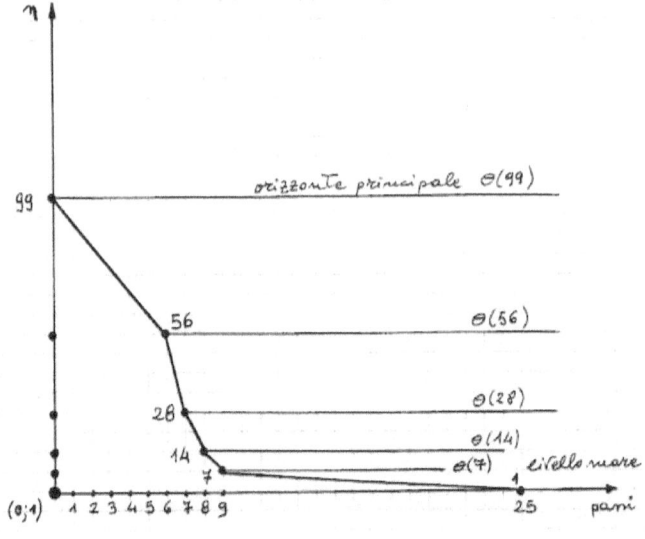

fig. 20

In figura 21 è rappresentato il grafico della discesa al mare dall'orizzonte principale del numero 101. Si giunge al mare in 6 passi anziché 25.

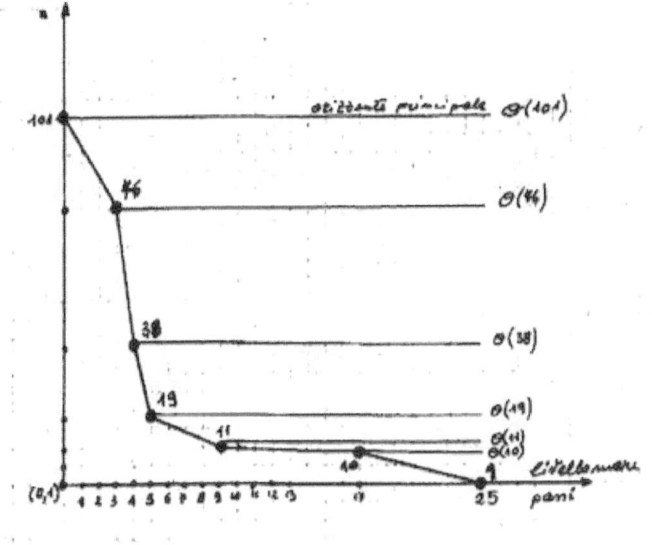

fig. 21

La soluzione della congettura di Siracusa permette di giungere al mare da quote altissime diminuendo enormemente il numero dei passi e restando sempre al di sotto dell'orizzonte principale.

# Il grattacielo

Se volessimo scendere al primo piano di un altissimo grattacielo trovandoci al 63° piano, dovremmo seguire una strategia ben precisa nel pigiare i tasti dell'ascensore, altrimenti continueremo a scendere e a risalire fino ad arrivare addirittura al piano 9232. Invece, utilizzando il metodo dei cicli dei collegamenti, sappiamo che bisogna pigiare il tasto 61 dell'ascensore. E poi il tasto 46. E poi il tasto 23. Siccome già conosciamo il ciclo dei collegamenti del numero 23, scenderemo al primo piano (1) con facilità e da lì, con le scale, arriviamo al piano terra. Se non seguissimo questa strategia saremmo costretti a stare chiusi dentro all'ascensore, su e giù, per ben 107 piani. Tale strategia è sintetizzata in fig. 22.

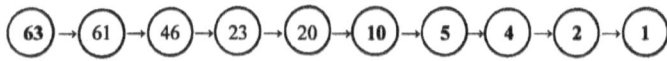

fig. 22

# Conclusione

Avendo dimostrata la congettura di Siracusa, possiamo enunciare il seguente teorema.

## Teorema di Collatz

*Se a un qualsiasi numero intero naturale n, diverso da zero, si applica l'algoritmo 3n+1 se n è dispari, n/2 se n è pari, la successione dei valori ottenuti precipita a 1 dopo un numero finito di passi, rispettando sempre il ciclo finale {4; 2; 1}.*

# Appendice

Le dimostrazioni dei teoremi che risolvono la congettura di Siracusa offrono tante possibilità di applicazioni. Analizziamone alcune.

1) In un qualsiasi ciclo è possibile calcolare il termine dal quale diventa minore del suo generatore.

Applichiamo le formule del teorema 2n+3.

**201** = 4n+1 per n = 50, quindi 201 è in $D_1$. Per n = 50 corrisponde il numero dispari 2n-1 = 99 in D. Da ciò 3n+5 = 302 → **151** < 201.

**83** = 8n+3 per n = 10, quindi 83 è in $D_2$. Per n = 10 corrisponde il numero pari 4n = 40 in $P_1$. Da ciò (9n+16)/2 = 188 → 94 → **47** < 83.

**119** = 8n-1 per n = 15, quindi 119 è in $D_3$. Per n = 15 corrisponde il numero pari 4n-2 = 58 in $P_2$. Da ciò (27n+50)/2 = 808 → 404 → 202 → **101** < 119.

Applichiamo le formule del teorema 2n+1.

**201** = 4n+1 per n = 50, quindi 201 è in $D_1$. Per n = 50 corrisponde il numero pari 2n = 100 in P. Da ciò 3n+2 = 302 → **151** < 201.

**83** = 8n+3 per n = 10, quindi 83 è in $D_2$. Per n = 10 corrisponde il numero dispari 4n+1 = 41 in $D_1$. Da ciò

$(9n+7)/2 = 188 \to 94 \to 47 < 83$.

**119** = 8n-1 per n = 15, quindi 119 è in $D_3$. Per n = 15 corrisponde il numero dispari 4n-1 = 59 in $D_4$. Da ciò $(27n+23)/2 = 808 \to 404 \to 202 \to 101 < 119$.

I risultati ottenuti sono gli stessi.

2)
$\forall$ n $\in$ N si può risalire al corrispondente numero dispari in $D_1$, $D_2$, $D_3$, e calcolare il numero generatore del ciclo al quale si collega.

Applichiamo le formule del teorema 2n+3.

Per n = 10, 4n+1 = 41 in $D_1$ e 2n-1 = 19 in D, allora 3n+5 = 62 $\to$ 31 < 41.

Per n = 10, 8n+3 = 83 in $D_2$ e 4n = 40 in $P_1$, allora $(9n+16)/2 = 188 \to 94 \to 47 < 83$.

Per n = 10, 8n-1 = 79 in $D_3$ e 4n-2 = 38 in $P_2$, allora $(27n+50)/2 = 269$ in $D_1$ per n = 67 e 2n-1 = 133 in D, allora 3n+5 = 404 $\to$ 202 $\to$ 101 in $D_1$ per n = 25 e 2n-1 = 49 in D, allora 3n+5 = 152 $\to$ 76 < 79.

Per n = 11, 4n+1 = 45 in $D_1$ e 2n-1 = 21 in D, allora 3n+5 = 68 $\to$ 34 < 45.

Per n = 11, 8n + 3 = 91 in $D_2$ e 4n = 44 in $P_1$, allora $(9n+16)/2 = 206 \to 103$ in $D_3$ per n = 13 e 4n-2 = 50 in $P_2$, allora $(27n+50)/2 = 700 \rightarrow 350 \rightarrow 175$ in $D_3$ per $n = 22$ e $4n-2 = 86$ in $P_2$, allora $(27n+50)/2 = 1186 \rightarrow 593$ in $D_1$ per $n = 148$ e $2n-1 = 295$ in D, allora $3n+5 = 890 \rightarrow 445$ in $D_1$ per $n = 111$ e $2n-1 = 221$ in D, allora $3n+5 = 668 \rightarrow 334 \rightarrow 167$ in $D_3$ per $n = 21$ e $4n-2 = 82$ in $P_2$, allora $(27n+50)/2 = 1132 \rightarrow 566 \rightarrow 283$ in $D_2$ per $n = 35$ e $4n = 140$ in $P_1$, allora $(9n+16)/2 = 638 \rightarrow 319$ in $D_3$ per $n = 40$ e $4n-2 = 158$ in $P_2$, allora $(27n+50)/2 = 2158 \rightarrow 1079$ in $D_3$ per $n = 135$ e $4n-2 = 538$ in $P_2$, allora $(27n+50)/2 = 7288 \rightarrow 3644 \rightarrow 1822 \rightarrow 911$ in $D_3$ per $n = 114$ e $4n-2 = 454$ in $P_2$, allora $(27n+50)/2 = 6154 \rightarrow 3077$ in $D_1$ per $n = 769$ e $2n-1 = 1537$ in D, allora $3n+5 = 4616 \rightarrow 2308 \rightarrow 1154 \rightarrow 577$ in $D_1$ per $n = 144$ e $2n-1 = 287$ in D, allora $3n+5 = 866 \rightarrow 433$ in $D_1$ per $n = 108$ e $2n-1 = 215$ in D, allora $3n+5 = 650 \rightarrow 325$ in $D_1$ per $n = 81$ e $2n-1 = 161$ in D, allora $3n+5 = 488 \rightarrow 244 \rightarrow 122 \rightarrow 61 < 91$.

Per $n = 11$, $8n-1 = 87$ in $D_3$ e $4n-2 = 42$ in $P_2$, allora: $(27n+50)/2 = 592 \rightarrow 296 \rightarrow 148 \rightarrow 74 < 87$.

Gli identici risultati si ottengono applicando le formule del teorema $2n+1$.

Una tale procedura è applicabile a qualsiasi numero dispari in $D_1$, $D_2$, $D_3$. Per i numeri dispari in $D_1$ la procedura è assai semplice, mentre per i numeri dispari in $D_2$ e $D_3$ richiede una certa pazienza. Nei cicli di questi numeri dispari, soprattutto nei cicli molto lunghi, i collegamenti, di cui alla note esplicative c2) e c3), si ripetono più volte prima che un termine del ciclo diventi minore del suo generatore; così come è capitato nel ciclo del 91 nell'esempio precedente.

3)
Con riferimento al paragrafo **Il labirinto di Siracusa**, se volessimo uscire dal labirinto trovandoci nella stanza numero 101 dispari, la dimostrazione del teorema di Collatz suggerisce la seguente strategia:

**101** = 4n+1 in $D_1$ per n = 25 → 2n-1 = 49 in D → 3n+5 = 152 → **76** < 101
**76** → **38** < 76
**38** → **19** < 38
**19** = 8n+3 in $D_2$ per n = 2 → 4n = 8 in $P_1$ → (9n+16)/2 = 44 → 22 → **11** < 19
**11** = 8n+3 in $D_2$ per n = 1 → 4n = 4 in $P_1$ → (9n+16)/2 = 26 → 13 = 4n+1 in $D_1$ per n = 3 → 2n-1 = 5 in D → 3n+5 = 20 → **10** < 11
**10** → **5** < 10
**5** = 4n+1 in $D_1$ per n = 1 → 2n-1 = 1 in D → 3n+5 = 8 → **4** < 5
**4** → **2** → **1** → **USCITA**

Ritrovando il ciclo dei collegamenti di fig. 16 del suddetto paragrafo:

Stanza (101) → (76) → (38) → (19) → (11) → (10) → (5) → (4) → (2) → (1) → USCITA

Al ciclo dei collegamenti del numero dispari 101, applichiamo le formule ricavate nella dimostrazione del teorema 2n+1.

**101** = 4n+1 in $D_1$ per n = 25 → 2n = 50 in P → 3n+2 = 152 → **76** < 101
**76** → **38** < 76
**38** → **19** < 38
**19** = 8n+3 in $D_2$ per n = 2 → 4n +1 = 9 in $D_1$ → (9n+7)/2 = 44 → 22 → **11** < 19
**11** = 8n+3 in $D_2$ per n = 1 → 4n+1 = 5 in $D_1$ → (9n+7)/2 = 26 → 13 = 4n+1 in $D_1$ per n = 3 → 2n = 6 in P → 3n+2 = 20 → **10** < 11
**10** → **5** < 10
**5** = 4n+1 in $D_1$ per n = 1 → 2n = 2 in P → 3n+2 = 8 → **4** < 5
**4** → **2** → **1** → **USCITA**

I risultati dei collegamenti sono perfettamente uguali a quelli ottenuti applicando le formule ricavate nella dimostrazione del teorema 2n+3.

Applichiamo le formule del teorema 2n+1 per uscire dal labirinto di Siracusa trovandoci nella stanza dispari numero 123.

**123** in $D_2$ per n = 15 → 4n+1 = 61 in $D_1$ → (9n+7)/2 = 278 → 139 in $D_2$ per n = 17 → 4n+1 = 69 in $D_1$ → (9n+7)/2 = 314 → 157 in $D_1$ per n = 39 → 2n = 78 in P

→ 3n+2 = 236 → **118** < 123
**118** → **59** < 118
**59** in $D_2$ per n = 7 → 4n+1 = 29 in $D_1$ → (9n+7)/2 = 134
→ 67 in $D_2$ per n = 8 → 4n+1 = 33 in $D_1$ → (9n+7)/2 =
152 → 76 → **38** < 59
**38** → **19** < 38
**19** in $D_2$ per n = 2 → 4n+1 = 9 in $D_1$ → (9n+7)/2 = 44
→ 22 → **11** < 19
**11** in $D_2$ per n = 1 e 4n+1 = 5 in $D_1$ → (9n+7)/2 = 26 →
13 in $D_1$ per n = 3 → 2n = 6 in P → 3n+2 = 20 → **10** < 11
**10** → **5** → **4** → **2** → **1 CICLO FINALE**

Il ciclo dei collegamenti è rappresentato in fig. 23.

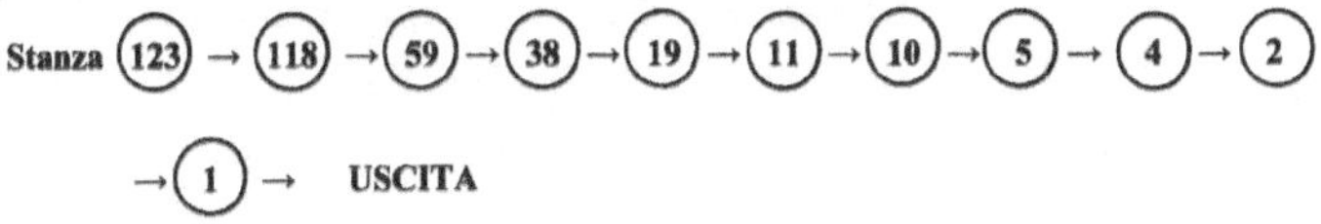

Stanza (123) → (118) → (59) → (38) → (19) → (11) → (10) → (5) → (4) → (2)
→ (1) → USCITA

fig. 23

Altri esempi di applicazione delle formule ricavate dal teorema 2n+1:

**1666** → 833 in $D_1$ per n = 208 → 2n = 416 in P → 3n+2
= 1250 → 625 in $D_1$ per n = 156 → 2n = 312 in P →
3n+2 = 932 → 469 in $D_1$ per n = 117 → 2n = 234 in P →
3n+2 = 704 → 352 → 176 → 88 → 44 → 22 → 11 →
10 → ... → Uscita.
Riassunto:
1666 → 833 → 625 → 469 → 352 → 176 → 88 → 44
→ 22 → 11 → 10 → 5 → 4 → 2 → 1

**2224** → 1112 → 556 → 278 → 139 in $D_2$ per n = 17 → 4n+1 = 69 in $D_1$ → (9n+7)/2 = 314 → 157 in $D_1$ per n = 39 → 2n = 78 in P → 3n+2 = 236 → 118 → 59 in $D_2$ per n = 7 → 4n+1 = 29 in $D_1$ → (9n+7)/2 = 134 → 67 in $D_2$ per n = 8 → 4n+1 = 33 in $D_1$ → (9n+7)/2 = 152 → 76 → 38 → 19 in $D_2$ per n = 2 → 4n+1 = 9 in $D_1$ → (9n+7)/2 = 44 → 22 → 11 in $D_2$ per n = 1 → 4n+1 = 5 in $D_1$ → (9n+7)/2 = 26 → 13 in $D_1$ per n = 3 → 2n = 6 in P → 3n+2 = 20 → 10 → ... → Uscita.
Riassunto:
2224 → 1112 → 556 → 278 → 139 → 118 → 59 → 38 → 19 → 11 → 10 → 5 → 4 → 2 → 1

**2428** → 1214 → 607 in $D_3$ per n = 76 → 4n-1 = 303 in $D_4$ → (27n+23)/2 = 4102 → 2051 in $D_2$ per n = 256 → 4n+1 = 1025 in $D_1$ → (9n+7)/2 = 4616 → 2308 → 1154 → 577 in $D_1$ per n = 144 → 2n = 288 in P → 3n+2 = 866 → 433 in $D_1$ per n = 108 → 2n = 216 in P → 3n+2 = 650 → 325 in $D_1$ per n = 81 → 2n = 162 in P → 3n+2 = 488 → 244 → 122 → 61 in $D_1$ per n = 15 → 2n = 30 in P → 3n+2 = 92 → 46 → 23 in $D_3$ per n = 3 → 4n-1 = 11 in $D_4$ → (27n+23)/2 = 160 → 80 → 40 → 20 → 10 → ... → Uscita.
Riassunto:
2428 → 1214 → 607 → 577 → 433 → 325 → 244 → 122 → 61 → 46 → 23 → 20 → 10 → 5 → 4 → 2 → 1

**2888** → 1444 → 722 → 361 in $D_1$ per n = 90 → 2n = 180 in P → 3n+2 = 542 → 271 in $D_3$ per n = 34 → 4n-1

= 135 in $D_4$ → $(27n+23)/2 = 1834$ → 917 in $D_1$ per n = 229 → 2n = 458 in P → 3n+2 = 1376 → 688 → 344 → 172 → 86 → 43 in $D_2$ per n = 5 → 4n+1 = 21 in $D_1$ → $(9n+7)/2 = 98$ → 49 in $D_1$ per n = 12 → 2n = 24 in P → 3n+2 = 74 → 37 in $D_1$ per n = 9 → 2n = 18 in P → 3n+2 = 56 → 28 → 14 → ... → Uscita.

Riassunto:
2888 → 1444 → 722 → 361 → 271 → 172 → 86 → 43 → 37 → 28 → 14 → 7 → 5 → 4 → 2 → 1

**3220** → 1610 → 805 in $D_1$ per n = 201 → 2n = 402 in P → 3n+2 = 1208 → 604 → 302 → 151 in $D_3$ per n = 19 → 4n-1 = 75 in $D_4$ → $(27n+23)/2 = 1024$ → 512 → 256 → 128 → 64 → 32 → 16 → ... → Uscita.

Riassunto:
3220 → 1610 → 805 → 604 → 302 → 151 → 128 → 64 → 32 → 16 → 8 → 4 → 2 → 1

**5220** → 2610 → 1305 in $D_1$ per n = 326 → 2n = 652 in P → 3n+2 = 1958 → 979 in $D_2$ per n = 122 → 4n+1 = 489 in $D_1$ → $(9n+7)/2 = 2204$ → 1102 → 551 in $D_3$ per n = 69 → 4n-1 = 275 in $D_4$ → $(27n+23)/2 = 3724$ → 1862 → 931 in $D_2$ per n = 116 → 4n+1 = 465 in $D_1$ → $(9n+7)/2 = 2096$ → 1048 → 524 → 262 → 131 in $D_2$ per n = 16 → 4n+1 = 65 in $D_1$ → $(9n+7)/2 = 296$ → 148 → 74 → 37 in $D_1$ per n = 9 → 2n = 18 in P → 3n+2 = 56 → 28 → 14 → 7 → ... → Uscita.

Riassunto:
5220 → 2610 → 1305 → 979 → 551 → 524 → 262 →

$131 \rightarrow 74 \rightarrow 37 \rightarrow 28 \rightarrow 14 \rightarrow 7 \rightarrow 5 \rightarrow 4 \rightarrow 2 \rightarrow 1$

**6604** $\rightarrow 3302 \rightarrow 1651$ in $D_2$ per n = 206 $\rightarrow$ 4n+1 = 825 in $D_1$ $\rightarrow$ (9n+7)/2 = 3716 $\rightarrow$ 1858 $\rightarrow$ 929 in $D_1$ per n = 232 $\rightarrow$ 2n = 464 in P $\rightarrow$ 3n+2 = 1394 $\rightarrow$ 697 in $D_1$ per n = 174 $\rightarrow$ 2n = 348 in P $\rightarrow$ 3n+2 = 1046 $\rightarrow$ 523 in $D_2$ per n = 65 $\rightarrow$ 4n+1 = 261 in $D_1$ $\rightarrow$ (9n+7)/2 = 1178 $\rightarrow$ 589 in $D_1$ per n = 147 $\rightarrow$ 2n = 294 in P $\rightarrow$ 3n+2 = 884 $\rightarrow$ 442 $\rightarrow$ 221 in $D_1$ per n = 55 $\rightarrow$ 2n = 110 in P $\rightarrow$ 3n+2 = 332 $\rightarrow$ 166 $\rightarrow$ 83 in $D_2$ per n = 10 $\rightarrow$ 4n+1 = 41 in $D_1$ $\rightarrow$ (9n+7)/2 = 188 $\rightarrow$ 94 $\rightarrow$ 47 $\rightarrow$ ... $\rightarrow$ 46 $\rightarrow$ 23 in $D_3$ per n = 3 $\rightarrow$ 4n-1 = 11 in $D_4$ $\rightarrow$ (27n+23)/2 = 160 $\rightarrow$ 80 $\rightarrow$ 40 $\rightarrow$ 20 $\rightarrow$ 10 $\rightarrow$ ... $\rightarrow$ Uscita.

Riassunto:
$6604 \rightarrow 3302 \rightarrow 1651 \rightarrow 929 \rightarrow 697 \rightarrow 523 \rightarrow 442 \rightarrow 221 \rightarrow 166 \rightarrow 83 \rightarrow 47 \rightarrow 46 \rightarrow 23 \rightarrow 20 \rightarrow 10 \rightarrow 5 \rightarrow 4 \rightarrow 2 \rightarrow 1$

**118000** $\rightarrow 59000 \rightarrow 29500 \rightarrow 14750 \rightarrow 7375$ in $D_3$ per n = 922 $\rightarrow$ 4n-1 = 3687 in $D_4$ $\rightarrow$ (27n+23)/2 = 49786 $\rightarrow$ 24893 in $D_1$ per n = 6223 $\rightarrow$ 2n = 12446 in P $\rightarrow$ 3n+2 = 37340 $\rightarrow$ 18670 $\rightarrow$ 9335 in $D_3$ per n = 1167 $\rightarrow$ 4n-1 = 4667 in $D_4$ $\rightarrow$ (27n+23)/2 = 63016 $\rightarrow$ 31508 $\rightarrow$ 15754 $\rightarrow$ 7877 in $D_1$ per n = 1969 $\rightarrow$ 2n = 3938 in P $\rightarrow$ 3n+2 = 11816 $\rightarrow$ 5908 $\rightarrow$ 2954 $\rightarrow$ 1477 in $D_1$ per n = 369 $\rightarrow$ 2n = 738 in P $\rightarrow$ 3n+2 = 2216 $\rightarrow$ 1108 $\rightarrow$ 554 $\rightarrow$ 277 in $D_1$ per n = 69 $\rightarrow$ 2n = 138 in P $\rightarrow$ 3n+2 = 416 $\rightarrow$ 208 $\rightarrow$ 104 $\rightarrow$ 52 $\rightarrow$ 26 $\rightarrow$ 13 in $D_1$ per n = 3 $\rightarrow$ 2n = 6 in P $\rightarrow$ 3n+2 = 20 $\rightarrow$ 10 $\rightarrow$ ... $\rightarrow$ Uscita.

Riassunto:
118000 → 59000 → 29500 → 14750 → 7375 → 5908 → 2954 → 1477 → 1108 → 554 → 277 → 208 → 104 → 52 → 26 → 13 → 10 → 5 → 4 → 2 → 1
...

# Finale

I teoremi che risolvono la congettura di Siracusa permettono di sostituire ai cicli dell'algoritmo di Collatz i cicli dei collegamenti, trasformando le loro successioni oscillanti in successioni monotòne decrescenti, le quali, dopo un numero finito di passi (estremamente inferiore), precipitano a 1 rispettando sempre i cicli finali {10; 5; 4; 2; 1} o {7; 5; 4; 2; 1}.

Concludiamo con i cicli dei collegamenti del numero dispari 6777 (fig. 24) e del numero dispari 10131 (fig. 25), i quali sintetizzano in maniera efficace il lavoro svolto.

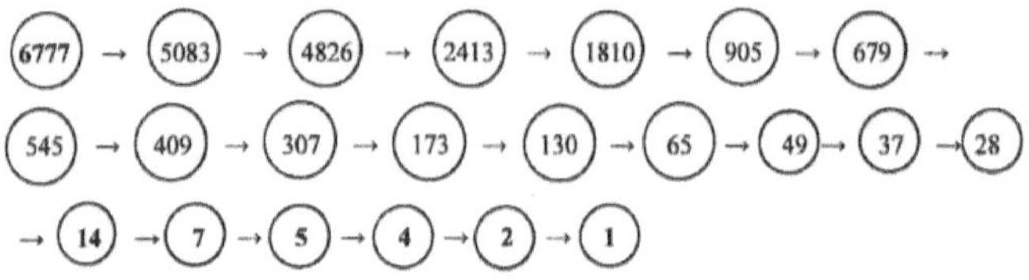

6777 → 5083 → 4826 → 2413 → 1810 → 905 → 679 →
545 → 409 → 307 → 173 → 130 → 65 → 49 → 37 → 28
→ 14 → 7 → 5 → 4 → 2 → 1

fig. 24

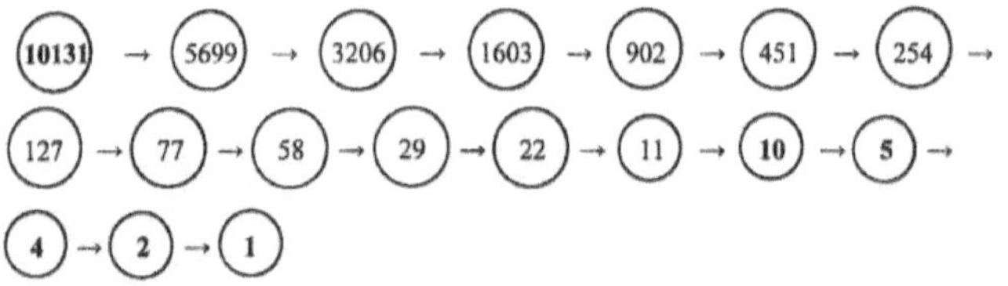

10131 → 5699 → 3206 → 1603 → 902 → 451 → 254 →
127 → 77 → 58 → 29 → 22 → 11 → 10 → 5 →
4 → 2 → 1

fig. 25

Rolando Zucchini

La congettura di Siracusa

Tavole dei Collegamenti
da 5 a 2999

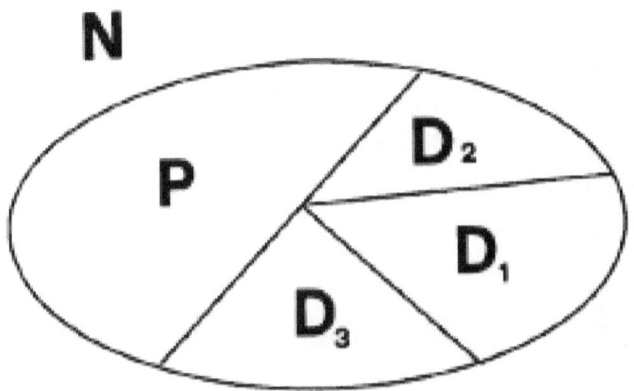

( 5 - 99 )

| $D_1$ | $D_2$ | $D_3$ |
|---|---|---|
| 5 → 4 | 11 → 10 | 7 → 5 $D_1$ |
| 9 → 7  $D_3$ | 19 → 11 $D_2$ | 15 → 10 |
| 13 → 10 | 27 → 23 $D_3$ | 23 → 20 |
| 17 → 13 $D_1$ | 35 → 20 | 31 → 23 $D_3$ |
| 21 → 16 | 43 → 37 $D_1$ | 39 → 38 |
| 25 → 19 $D_2$ | 51 → 29 $D_1$ | 47 → 46 |
| 29 → 22 | 59 → 38 | 55 → 47 $D_3$ |
| 33 → 25 $D_1$ | 67 → 38 | 63 → 61 $D_1$ |
| 37 → 28 | 75 → 64 | 71 → 61 $D_1$ |
| 41 → 31 $D_3$ | 83 → 47 $D_3$ | 79 → 76 |
| 45 → 34 | 91 → 61 $D_1$ | 87 → 74 |
| 49 → 37 $D_1$ | 99 → 56 | 95 → 91 $D_2$ |
| 53 → 40 | | |
| 57 → 43 $D_2$ | | |
| 61 → 46 | | |
| 65 → 49 $D_1$ | | |
| 69 → 52 | | |
| 73 → 55 $D_3$ | | |
| 77 → 58 | | |
| 81 → 61 $D_1$ | | |
| 85 → 64 | | |
| 89 → 67 $D_2$ | | |
| 93 → 70 | | |
| 97 → 73 $D_1$ | | |

( 101 – 199 )

| $D_1$ | $D_2$ | $D_3$ |
|---|---|---|
| 101 → 76 | 107 → 91 $D_2$ | 103 → 61 $D_1$ |
| 105 → 79 $D_3$ | 115 → 65 $D_1$ | 111 → 61 $D_1$ |
| 109 → 82 | 123 → 118 | 119 → 101 $D_1$ |
| 113 → 85 $D_1$ | 131 → 74 | 127 → 77 $D_1$ |
| 117 → 88 | 139 → 118 | 135 → 86 |
| 121 → 91 $D_2$ | 147 → 83 $D_2$ | 143 → 91 $D_2$ |
| 125 → 94 | 155 → 122 | 151 → 128 |
| 129 → 97 $D_1$ | 163 → 92 | 159 → 122 |
| 133 → 100 | 171 → 145 $D_1$ | 167 → 122 |
| 137 → 103 $D_3$ | 179 → 101 $D_1$ | 175 → 167 $D_3$ |
| 141 → 106 | 187 → 119 $D_3$ | 183 → 155 $D_2$ |
| 145 → 109 $D_1$ | 195 → 110 | 191 → 154 |
| 149 → 112 | | 199 → 190 |
| 153 → 115 $D_2$ | | |
| 157 → 118 | | |
| 161 → 121 $D_1$ | | |
| 165 → 124 | | |
| 169 → 127 $D_3$ | | |
| 173 → 130 | | |
| 177 → 133 $D_1$ | | |
| 181 → 136 | | |
| 185 → 139 $D_2$ | | |
| 189 → 142 | | |
| 193 → 145 $D_1$ | | |
| 197 → 148 | | |

( 201 – 299 )

$D_1$
201 → 151 $D_3$
205 → 154
209 → 157 $D_1$
213 → 160
217 → 163 $D_2$
221 → 166
225 → 169 $D_1$
229 → 172
233 → 175 $D_3$
237 → 178
241 → 181 $D_1$
245 → 184
249 → 187 $D_2$
253 → 190
257 → 193 $D_1$
261 → 196
265 → 199 $D_3$
269 → 202
273 → 205 $D_1$
277 → 208
281 → 211 $D_2$
285 → 214
289 → 217 $D_1$
293 → 220
297 → 223 $D_3$

$D_2$
203 → 172
211 → 119 $D_3$
219 → 209 $D_1$
227 → 128
235 → 199 $D_3$
243 → 137 $D_1$
251 → 244
259 → 146
267 → 226
275 → 155 $D_2$
283 → 244
291 → 164
299 → 253 $D_1$

$D_3$
207 → 167 $D_3$
215 → 182
223 → 122
231 → 124
239 → 122
247 → 209 $D_1$
255 → 205 $D_1$
263 → 167 $D_3$
271 → 172
279 → 236
287 → 205 $D_1$
295 → 281 $D_1$

.

( 301 – 399 )

$D_1$
301 → 226
305 → 229 $D_1$
309 → 232
313 → 235 $D_2$
317 → 238
321 → 241 $D_1$
325 → 244
329 → 247 $D_3$
333 → 250
337 → 253 $D_1$
341 → 256
345 → 259 $D_2$
349 → 262
353 → 265 $D_1$
357 → 268
361 → 271 $D_3$
365 → 274
369 → 277 $D_1$
373 → 280
377 → 283 $D_2$
381 → 286
385 → 289 $D_1$
389 → 292
393 → 295 $D_3$
397 → 298

$D_2$
307 → 173 $D_1$
315 → 200
323 → 182
331 → 280
339 → 191 $D_3$
347 → 248
355 → 200
363 → 307 $D_2$
371 → 209 $D_1$
379 → 361 $D_1$
387 → 218
395 → 334

$D_3$
303 → 244
311 → 263 $D_3$
319 → 244
327 → 250
335 → 319 $D_3$
343 → 290
351 → 334
359 → 325 $D_1$
367 → 262
375 → 317 $D_1$
383 → 205 $D_1$
391 → 248
399 → 253 $D_1$

(401 – 499)

$D_1$
401 → 301 $D_1$
405 → 304
409 → 307 $D_2$
413 → 310
417 → 313 $D_1$
421 → 316
425 → 319 $D_3$
429 → 322
433 → 325 $D_1$
437 → 328
441 → 331 $D_2$
445 → 334
449 → 337 $D_1$
453 → 340
457 → 343 $D_3$
461 → 346
465 → 349 $D_1$
469 → 352
473 → 355 $D_2$
477 → 358
481 → 361 $D_1$
485 → 364
489 → 367 $D_3$
493 → 370
497 → 373 $D_1$

$D_2$
403 → 227 $D_2$
411 → 248
419 → 236
427 → 361 $D_1$
435 → 245 $D_1$
443 → 281 $D_1$
451 → 254
459 → 388
467 → 263 $D_3$
475 → 452
483 → 272
491 → 415 $D_3$
499 → 281 $D_1$

$D_3$
407 → 344
415 → 250
423 → 302
431 → 410
439 → 371 $D_2$
447 → 346
455 → 433 $D_1$
463 → 248
471 → 398
479 → 433 $D_1$
487 → 248
495 → 478

( 501 – 599 )

| $D_1$ | $D_2$ | $D_3$ |
|---|---|---|
| 501 → 376 | 507 → 362 | 503 → 425 $D_1$ |
| 505 → 379 $D_2$ | 515 → 290 | 511 → 346 |
| 509 → 382 | 523 → 442 | 519 → 329 $D_1$ |
| 513 → 385 $D_1$ | 531 → 299 $D_2$ | 527 → 334 |
| 517 → 388 | 539 → 433 $D_1$ | 535 → 452 |
| 521 → 391 $D_3$ | 547 → 308 | 543 → 436 |
| 525 → 394 | 555 → 469 $D_1$ | 551 → 524 |
| 529 → 397 $D_1$ | 563 → 317 $D_1$ | 559 → 505 $D_1$ |
| 533 → 400 | 571 → 362 | 567 → 479 $D_3$ |
| 537 → 403 $D_2$ | 579 → 326 | 575 → 410 |
| 541 → 406 | 587 → 496 | 583 → 416 |
| 545 → 409 $D_1$ | 595 → 335 $D_3$ | 591 → 562 |
| 549 → 412 | | 599 → 506 |
| 553 → 415 $D_3$ | | |
| 557 → 418 | | |
| 561 → 421 $D_1$ | | |
| 565 → 424 | | |
| 569 → 427 $D_2$ | | |
| 573 → 430 | | |
| 577 → 433 $D_1$ | | |
| 581 → 436 | | |
| 585 → 439 $D_3$ | | |
| 589 → 442 | | |
| 593 → 445 $D_1$ | | |
| 597 → 448 | | |

.

( 601 – 699 )

| $D_1$ | $D_2$ | $D_3$ |
|---|---|---|
| 601 → 451 $D_2$ | 603 → 545 $D_1$ | 607 → 577 $D_1$ |
| 605 → 454 | 611 → 344 | 615 → 329 $D_1$ |
| 609 → 457 $D_1$ | 619 → 523 $D_2$ | 623 → 500 |
| 613 → 460 | 627 → 353 $D_1$ | 631 → 533 $D_1$ |
| 617 → 463 $D_3$ | 635 → 604 | 639 → 365 $D_1$ |
| 621 → 466 | 643 → 362 | 647 → 410 |
| 625 → 469 $D_1$ | 651 → 550 | 655 → 415 $D_3$ |
| 629 → 472 | 659 → 371 $D_2$ | 663 → 560 |
| 633 → 475 $D_2$ | 667 → 572 | 671 → 346 |
| 637 → 478 | 675 → 380 | 679 → 545 $D_1$ |
| 641 → 481 $D_1$ | 683 → 577 $D_1$ | 687 → 653 $D_1$ |
| 645 → 484 | 691 → 389 $D_1$ | 695 → 587 $D_3$ |
| 649 → 487 $D_3$ | 699 → 391 $D_3$ | |
| 653 → 490 | | |
| 657 → 493 $D_1$ | | |
| 661 → 496 | | |
| 665 → 499 $D_2$ | | |
| 669 → 502 | | |
| 673 → 505 $D_1$ | | |
| 677 → 508 | | |
| 681 → 511 $D_3$ | | |
| 685 → 514 | | |
| 689 → 517 $D_1$ | | |
| 693 → 520 | | |
| 697 → 523 $D_2$ | | |

.

( 701 – 799 )

| $D_1$ | $D_2$ | $D_3$ |
|---|---|---|
| 701 → 526 | 707 → 398 | 703 → 565 $D_1$ |
| 705 → 529 $D_1$ | 715 → 604 | 711 → 676 |
| 709 → 532 | 723 → 407 $D_3$ | 719 → 577 $D_1$ |
| 713 → 535 $D_3$ | 731 → 695 $D_3$ | 727 → 614 |
| 717 → 538 | 739 → 416 | 735 → 524 |
| 721 → 541 $D_1$ | 747 → 631 $D_3$ | 743 → 637 $D_1$ |
| 725 → 544 | 755 → 425 $D_1$ | 751 → 572 |
| 729 → 547 $D_2$ | 763 → 388 | 759 → 641 $D_1$ |
| 733 → 550 | 771 → 434 | 767 → 692 |
| 737 → 553 $D_1$ | 779 → 658 | 775 → 491 $D_2$ |
| 741 → 556 | 787 → 443 $D_2$ | 783 → 496 |
| 745 → 559 $D_3$ | 795 → 767 $D_3$ | 791 → 668 |
| 749 → 562 | | 799 → 641 $D_1$ |
| 753 → 565 $D_1$ | | |
| 757 → 568 | | |
| 761 → 571 $D_2$ | | |
| 765 → 574 | | |
| 769 → 577 $D_1$ | | |
| 773 → 580 | | |
| 777 → 583 $D_3$ | | |
| 781 → 586 | | |
| 785 → 589 $D_1$ | | |
| 789 → 592 | | |
| 793 → 595 $D_2$ | | |
| 797 → 598 | | |

( 801 – 899 )

| $D_1$ | $D_2$ | $D_3$ |
|---|---|---|
| 801 → 601 $D_1$ | 803 → 452 | 807 → 767 $D_3$ |
| 805 → 604 | 811 → 685 $D_1$ | 815 → 581 $D_1$ |
| 809 → 607 $D_3$ | 819 → 461 $D_1$ | 823 → 695 $D_3$ |
| 813 → 610 | 827 → 524 | 831 → 500 |
| 817 → 613 $D_1$ | 835 → 470 | 839 → 505 $D_1$ |
| 821 → 616 | 843 → 712 | 847 → 805 $D_1$ |
| 825 → 619 $D_2$ | 851 → 479 $D_3$ | 855 → 722 |
| 829 → 622 | 859 → 776 | 863 → 820 |
| 833 → 625 $D_1$ | 867 → 488 | 871 → 797 $D_1$ |
| 837 → 628 | 875 → 739 $D_2$ | 879 → 470 |
| 841 → 631 $D_3$ | 883 → 497 $D_1$ | 887 → 749 $D_1$ |
| 845 → 634 | 891 → 847 $D_3$ | 895 → 767 $D_3$ |
| 849 → 637 $D_1$ | 899 → 506 | |
| 853 → 640 | | |
| 857 → 643 $D_2$ | | |
| 861 → 646 | | |
| 865 → 649 $D_1$ | | |
| 869 → 652 | | |
| 873 → 655 $D_3$ | | |
| 877 → 658 | | |
| 881 → 661 $D_1$ | | |
| 885 → 664 | | |
| 889 → 667 $D_2$ | | |
| 893 → 670 | | |
| 897 → 673 $D_1$ | | |

( 901 – 999 )

| $D_1$ | $D_2$ | $D_3$ |
|---|---|---|
| 901 → 676 | 907 → 766 | 903 → 572 |
| 905 → 679 $D_3$ | 915 → 515 $D_2$ | 911 → 577 $D_1$ |
| 909 → 682 | 923 → 658 | 919 → 776 |
| 913 → 685 $D_1$ | 931 → 524 | 927 → 637 $D_1$ |
| 917 → 688 | 939 → 793 $D_1$ | 935 → 500 |
| 921 → 691 $D_2$ | 947 → 533 $D_1$ | 943 → 896 |
| 925 → 694 | 955 → 769 $D_1$ | 951 → 803 $D_2$ |
| 929 → 697 $D_1$ | 963 → 542 | 959 → 730 |
| 933 → 700 | 971 → 820 | 967 → 919 $D_3$ |
| 937 → 703 $D_3$ | 979 → 551 $D_3$ | 975 → 695 $D_3$ |
| 941 → 706 | 987 → 938 | 983 → 830 |
| 945 → 709 $D_1$ | 995 → 560 | 991 → 637 $D_1$ |
| 949 → 712 | | 999 → 712 |
| 953 → 715 $D_2$ | | |
| 957 → 718 | | |
| 961 → 721 $D_1$ | | |
| 965 → 724 | | |
| 969 → 727 $D_3$ | | |
| 973 → 730 | | |
| 977 → 733 $D_1$ | | |
| 981 → 736 | | |
| 985 → 739 $D_2$ | | |
| 989 → 742 | | |
| 993 → 745 $D_1$ | | |
| 997 → 748 | | |

(1001 – 1099)

| $D_1$ | $D_2$ | $D_3$ |
|---|---|---|
| 1001 → 751 $D_3$ | 1003 → 847 $D_3$ | 1007 → 767 $D_3$ |
| 1005 → 754 | 1011 → 569 $D_1$ | 1015 → 857 $D_1$ |
| 1009 → 757 $D_1$ | 1019 → 545 $D_1$ | 1023 → 692 |
| 1013 → 760 | 1027 → 578 | 1031 → 653 $D_1$ |
| 1017 → 763 $D_2$ | 1035 → 874 | 1039 → 869 $D_1$ |
| 1021 → 766 | 1043 → 587 $D_2$ | 1047 → 884 |
| 1025 → 769 $D_1$ | 1051 → 901 $D_1$ | 1055 → 628 |
| 1029 → 772 | 1059 → 596 | 1063 → 730 |
| 1033 → 775 $D_3$ | 1067 → 901 $D_1$ | 1071 → 859 $D_2$ |
| 1037 → 778 | 1075 → 605 $D_1$ | 1079 → 911 $D_3$ |
| 1041 → 781 $D_1$ | 1083 → 686 | 1087 → 871 $D_3$ |
| 1045 → 784 | 1091 → 614 | 1095 → 659 $D_2$ |
| 1049 → 787 $D_2$ | 1099 → 928 | |
| 1053 → 790 | | |
| 1057 → 793 $D_1$ | | |
| 1061 → 796 | | |
| 1065 → 799 $D_3$ | | |
| 1069 → 802 | | |
| 1073 → 805 $D_1$ | | |
| 1077 → 808 | | |
| 1081 → 811 $D_2$ | | |
| 1085 → 814 | | |
| 1089 → 817 $D_1$ | | |
| 1093 → 820 | | |
| 1097 → 823 $D_3$ | | |

(1101 – 1199)

| $D_1$ | $D_2$ | $D_3$ |
|---|---|---|
| 1101 → 826 | 1107 → 623 $D_3$ | 1103 → 1048 |
| 1105 → 829 $D_1$ | 1115 → 637 $D_1$ | 1111 → 938 |
| 1109 → 832 | 1123 → 632 | 1119 → 1063 $D_3$ |
| 1113 → 835 $D_2$ | 1131 → 955 $D_2$ | 1127 → 1099 $D_2$ |
| 1117 → 838 | 1139 → 886 | 1135 → 910 |
| 1121 → 841 $D_1$ | 1147 → 1090 | 1143 → 965 $D_1$ |
| 1125 → 844 | 1155 → 650 | 1151 → 692 |
| 1129 → 847 $D_3$ | 1163 → 982 | 1159 → 734 |
| 1133 → 850 | 1171 → 659 $D_2$ | 1167 → 739 $D_2$ |
| 1137 → 853 $D_1$ | 1179 → 1064 | 1175 → 992 |
| 1141 → 856 | 1187 → 668 | 1183 → 1067 $D_2$ |
| 1145 → 859 $D_2$ | 1195 → 1009 $D_1$ | 1191 → 955 $D_2$ |
| 1149 → 862 | | 1199 → 1139 $D_2$ |
| 1153 → 865 $D_1$ | | |
| 1157 → 868 | | |
| 1161 → 871 $D_3$ | | |
| 1165 → 874 | | |
| 1169 → 877 $D_1$ | | |
| 1173 → 880 | | |
| 1177 → 883 $D_2$ | | |
| 1181 → 886 | | |
| 1185 → 889 $D_1$ | | |
| 1189 → 892 | | |
| 1193 → 895 $D_3$ | | |
| 1197 → 898 | | |

(1201 – 1299)

| $D_1$ | $D_2$ | $D_3$ |
|---|---|---|
| 1201 → 901 $D_1$ | 1203 → 677 $D_1$ | 1207 → 1019 $D_2$ |
| 1205 → 904 | 1211 → 767 $D_3$ | 1215 → 974 |
| 1209 → 907 $D_2$ | 1219 → 686 | 1223 → 1162 |
| 1213 → 910 | 1227 → 1036 | 1231 → 658 |
| 1217 → 913 $D_1$ | 1235 → 695 $D_3$ | 1239 → 1046 |
| 1221 → 916 | 1243 → 1181 $D_1$ | 1247 → 1000 |
| 1225 → 919 $D_3$ | 1251 → 704 | 1255 → 637 $D_1$ |
| 1229 → 922 | 1259 → 1063 $D_3$ | 1263 → 1185 $D_1$ |
| 1233 → 925 $D_1$ | 1267 → 713 $D_1$ | 1271 → 1073 $D_1$ |
| 1237 → 928 | 1275 → 767 $D_3$ | 1279 → 730 |
| 1241 → 931 $D_2$ | 1283 → 722 | 1287 → 815 $D_3$ |
| 1245 → 934 | 1291 → 1090 | 1295 → 820 |
| 1249 → 937 $D_1$ | 1299 → 731 $D_2$ | |
| 1253 → 940 | | |
| 1257 → 943 $D_3$ | | |
| 1261 → 946 | | |
| 1265 → 949 $D_1$ | | |
| 1268 → 952 | | |
| 1273 → 955 $D_2$ | | |
| 1277 → 958 | | |
| 1281 → 961 $D_1$ | | |
| 1285 → 964 | | |
| 1289 → 967 $D_3$ | | |
| 1293 → 970 | | |
| 1297 → 973 $D_1$ | | |

(1301 – 1399)

$D_1$
1301 → 976
1305 → 979 $D_2$
1309 → 982
1313 → 985 $D_1$
1317 → 988
1321 → 991 $D_3$
1325 → 994
1329 → 997 $D_1$
1333 → 1000
1337 → 1003 $D_2$
1341 → 1006
1345 → 1009 $D_1$
1349 → 1012
1353 → 1015 $D_3$
1357 → 1018
1361 → 1021 $D_1$
1365 → 1024
1369 → 1027 $D_2$
1373 → 1030
1377 → 1033 $D_1$
1381 → 1036
1385 → 1039 $D_3$
1389 → 1042
1393 → 1045 $D_1$
1397 → 1048

$D_2$
1307 → 797 $D_1$
1315 → 740
1323 → 1117 $D_1$
1331 → 749 $D_1$
1339 → 874
1347 → 758
1355 → 1144
1363 → 767 $D_3$
1371 → 977 $D_1$
1379 → 776
1387 → 1171 $D_2$
1395 → 785 $D_1$

$D_3$
1303 → 1100
1311 → 934
1319 → 1253 $D_1$
1327 → 1064
1335 → 1127 $D_3$
1343 → 767 $D_3$
1351 → 1219 $D_2$
1359 → 1291 $D_2$
1367 → 1154
1375 → 1306
1383 → 712
1391 → 1103 $D_3$
1399 → 1181 $D_1$

.

(1401 – 1499)

$D_1$
1401 → 1051 $D_2$
1405 → 1054
1409 → 1057 $D_1$
1413 → 1060
1417 → 1063 $D_3$
1421 → 1066
1425 → 1069 $D_1$
1429 → 1072
1433 → 1075 $D_2$
1437 → 1078
1441 → 1081 $D_1$
1445 → 1084
1449 → 1087 $D_3$
1453 → 1090
1457 → 1093 $D_1$
1461 → 1096
1465 → 1099 $D_2$
1469 → 1102
1473 → 1105 $D_1$
1477 → 1108
1481 → 1111 $D_3$
1485 → 1114
1489 → 1117 $D_1$
1493 → 1120
1497 → 1123 $D_2$

$D_2$
1403 → 1000
1411 → 794
1419 → 1198
1427 → 803 $D_2$
1435 → 767 $D_3$
1443 → 812
1451 → 1225 $D_1$
1459 → 821 $D_1$
1467 → 929 $D_2$
1475 → 830
1483 → 1144
1491 → 839 $D_3$
1499 → 1424

$D_3$
1407 → 1220
1415 → 896
1423 → 901 $D_1$
1431 → 1208
1439 → 730
1447 → 1031 $D_3$
1455 → 1382
1463 → 1235 $D_2$
1471 → 797 $D_1$
1479 → 1405 $D_1$
1487 → 1274
1495 → 1262

(1501 – 1599)

| $D_1$ | $D_2$ | $D_3$ |
|---|---|---|
| 1501 → 1126 | 1507 → 874 | 1503 → 827 $D_2$ |
| 1505 → 1129 $D_1$ | 1515 → 1279 $D_3$ | 1511 → 767 $D_3$ |
| 1509 → 1132 | 1523 → 857 $D_1$ | 1519 → 1370 |
| 1513 → 1135 $D_3$ | 1531 → 1091 $D_2$ | 1527 → 1289 $D_1$ |
| 1517 → 1138 | 1539 → 861 $D_1$ | 1535 → 1384 |
| 1521 → 1141 $D_1$ | 1547 → 1306 | 1543 → 977 $D_1$ |
| 1525 → 1144 | 1555 → 875 $D_2$ | 1551 → 982 |
| 1529 → 1147 $D_2$ | 1563 → 1253 $D_1$ | 1559 → 1316 |
| 1533 → 1150 | 1571 → 884 | 1567 → 1256 |
| 1537 → 1153 $D_1$ | 1579 → 1333 $D_1$ | 1575 → 1496 |
| 1541 → 1156 | 1587 → 893 $D_1$ | 1583 → 1256 |
| 1545 → 1159 $D_3$ | 1595 → 1010 | 1591 → 1343 $D_3$ |
| 1549 → 1162 | | 1599 → 1139 $D_2$ |
| 1553 → 1165 $D_1$ | | |
| 1557 → 1168 | | |
| 1561 → 1171 $D_2$ | | |
| 1565 → 1174 | | |
| 1569 → 1177 $D_1$ | | |
| 1573 → 1180 | | |
| 1577 → 1183 $D_3$ | | |
| 1581 → 1186 | | |
| 1585 → 1189 $D_1$ | | |
| 1589 → 1192 | | |
| 1593 → 1195 $D_2$ | | |
| 1597 → 1198 | | |

.

**(1601 – 1699)**

| $D_1$ | $D_2$ | $D_3$ |
|---|---|---|
| 1601 → 1201 $D_1$ | 1603 → 902 | 1607 → 1145 $D_1$ |
| 1605 → 1204 | 1611 → 1360 | 1615 → 1534 |
| 1609 → 1207 $D_3$ | 1619 → 911 $D_3$ | 1623 → 1370 |
| 1613 → 1210 | 1627 → 1468 | 1631 → 1549 $D_1$ |
| 1617 → 1213 $D_1$ | 1635 → 920 | 1639 → 1424 |
| 1621 → 1216 | 1643 → 1387 $D_2$ | 1647 → 880 |
| 1625 → 1219 $D_2$ | 1651 → 929 $D_1$ | 1655 → 1397 $D_1$ |
| 1629 → 1222 | 1659 → 1576 | 1663 → 1424 |
| 1633 → 1225 $D_1$ | 1667 → 938 | 1671 → 1058 |
| 1637 → 1228 | 1675 → 1414 | 1679 → 1063 $D_3$ |
| 1641 → 1231 $D_3$ | 1683 → 947 $D_2$ | 1687 → 1424 |
| 1645 → 1234 | 1691 → 1465 $D_1$ | 1695 → 1450 |
| 1649 → 1237 $D_1$ | 1699 → 956 | |
| 1653 → 1240 | | |
| 1657 → 1243 $D_2$ | | |
| 1661 → 1246 | | |
| 1665 → 1249 $D_1$ | | |
| 1669 → 1252 | | |
| 1673 → 1255 $D_3$ | | |
| 1677 → 1258 | | |
| 1681 → 1261 $D_1$ | | |
| 1685 → 1264 | | |
| 1689 → 1267 $D_2$ | | |
| 1693 → 1270 | | |
| 1697 → 1273 $D_1$ | | |

(1701 – 1799)

| $D_1$ | $D_2$ | $D_3$ |
|---|---|---|
| 1701 → 1276 | 1707 → 1441 $D_1$ | 1703 → 910 |
| 1705 → 1279 $D_3$ | 1715 → 965 $D_1$ | 1711 → 1625 $D_1$ |
| 1709 → 1282 | 1723 → 1091 $D_2$ | 1719 → 1451 $D_2$ |
| 1713 → 1285 $D_1$ | 1731 → 974 | 1727 → 1384 |
| 1717 → 1288 | 1739 → 1468 | 1735 → 1648 |
| 1721 → 1291 $D_2$ | 1747 → 983 $D_3$ | 1743 → 1594 |
| 1725 → 1294 | 1755 → 1667 $D_2$ | 1751 → 1478 |
| 1729 → 1297 $D_1$ | 1763 → 992 | 1759 → 1253 $D_1$ |
| 1733 → 1300 | 1771 → 1495 $D_3$ | 1767 → 1345 $D_1$ |
| 1737 → 1303 $D_3$ | 1779 → 1001 $D_1$ | 1775 → 1067 $D_2$ |
| 1741 → 1306 | 1787 → 955 $D_2$ | 1783 → 1505 $D_1$ |
| 1745 → 1309 $D_1$ | 1795 → 1010 | 1791 → 1211 $D_2$ |
| 1749 → 1312 | | 1799 → 1139 $D_2$ |
| 1753 → 1315 $D_2$ | | |
| 1757 → 1318 | | |
| 1761 → 1321 $D_1$ | | |
| 1765 → 1324 | | |
| 1769 → 1327 $D_3$ | | |
| 1773 → 1330 | | |
| 1777 → 1333 $D_1$ | | |
| 1781 → 1336 | | |
| 1785 → 1339 $D_2$ | | |
| 1789 → 1342 | | |
| 1793 → 1345 $D_1$ | | |
| 1797 → 1348 | | |

**(1801 – 1899)**

| $D_1$ | $D_2$ | $D_3$ |
|---|---|---|
| 1801 → 1351 $D_3$ | 1803 → 1522 | 1807 → 1144 |
| 1805 → 1354 | 1811 → 1019 $D_2$ | 1815 → 1532 |
| 1809 → 1357 $D_1$ | 1819 → 1067 $D_2$ | 1823 → 974 |
| 1813 → 1360 | 1827 → 1028 | 1831 → 1739 $D_2$ |
| 1817 → 1363 $D_2$ | 1835 → 1549 $D_1$ | 1839 → 1310 |
| 1821 → 1366 | 1843 → 1037 $D_1$ | 1847 → 1559 $D_3$ |
| 1825 → 1369 $D_1$ | 1851 → 1172 | 1855 → 991 $D_3$ |
| 1829 → 1372 | 1859 → 1046 | 1863 → 1064 |
| 1833 → 1375 $D_3$ | 1867 → 1576 | 1871 → 1777 $D_1$ |
| 1837 → 1378 | 1875 → 1055 $D_3$ | 1879 → 1586 |
| 1841 → 1381 $D_1$ | 1883 → 1274 | 1887 → 1792 |
| 1845 → 1384 | 1891 → 1064 | 1895 → 1622 |
| 1849 → 1387 $D_2$ | 1899 → 1603 $D_2$ | |
| 1853 → 1390 | | |
| 1857 → 1393 $D_1$ | | |
| 1861 → 1396 | | |
| 1865 → 1399 $D_3$ | | |
| 1869 → 1402 | | |
| 1873 → 1405 $D_1$ | | |
| 1877 → 1408 | | |
| 1881 → 1411 $D_2$ | | |
| 1885 → 1414 | | |
| 1889 → 1417 $D_1$ | | |
| 1893 → 1420 | | |
| 1897 → 1423 $D_3$ | | |

.

(1901 – 1999)

$D_1$
1901 → 1426
1905 → 1429 $D_1$
1909 → 1432
1913 → 1435 $D_2$
1917 → 1438
1921 → 1441 $D_1$
1925 → 1444
1929 → 1447 $D_3$
1933 → 1450
1937 → 1453 $D_1$
1941 → 1456
1945 → 1459 $D_2$
1949 → 1462
1953 → 1465 $D_1$
1957 → 1468
1961 → 1471 $D_3$
1965 → 1474
1969 → 1477 $D_1$
1973 → 1480
1977 → 1483 $D_2$
1981 → 1486
1985 → 1489 $D_1$
1989 → 1492
1993 → 1495 $D_3$
1997 → 1498.

$D_2$
1907 → 1073 $D_1$
1915 → 1819 $D_2$
1923 → 1082
1931 → 1630
1939 → 1091 $D_2$
1947 → 1387 $D_2$
1955 → 1100
1963 → 1657 $D_1$
1971 → 1718
1979 → 1253 $D_1$
1987 → 1118
1995 → 1684

$D_3$
1903 → 1144
1911 → 1613 $D_1$
1919 → 1460
1927 → 1220
1935 → 1225 $D_1$
1943 → 1640
1951 → 1811 $D_2$
1959 → 1184
1967 → 1868
1975 → 1667 $D_2$
1983 → 1589 $D_1$
1991 → 1891 $D_2$
1999 → 1424

**(2001 – 2099)**

| $D_1$ | $D_2$ | $D_3$ |
|---|---|---|
| 2001 → 1501 $D_1$ | 2003 → 1127 $D_3$ | 2007 → 1694 |
| 2005 → 1504 | 2011 → 1910 | 2015 → 1615 $D_3$ |
| 2009 → 1507 $D_2$ | 2019 → 1136 | 2023 → 1441 $D_1$ |
| 2013 → 1510 | 2027 → 1711 $D_3$ | 2031 → 1837 $D_1$ |
| 2017 → 1513 $D_1$ | 2035 → 1145 $D_1$ | 2039 → 1721 $D_1$ |
| 2021 → 1516 | 2043 → 1382 | 2047 → 1783 $D_3$ |
| 2025 → 1519 $D_3$ | 2051 → 1154 | 2055 → 1301 $D_1$ |
| 2029 → 1522 | 2059 → 1738 | 2063 → 1306 |
| 2033 → 1525 $D_1$ | 2067 → 1163 $D_2$ | 2071 → 1748 |
| 2037 → 1528 | 2075 → 1663 $D_3$ | 2079 → 1666 |
| 2041 → 1531 $D_2$ | 2083 → 1172 | 2087 → 1982 |
| 2045 → 1534 | 2091 → 1765 $D_1$ | 2095 → 1679 $D_3$ |
| 2049 → 1537 $D_1$ | 2099 → 1181 $D_1$ | |
| 2053 → 1540 | | |
| 2057 → 1543 $D_3$ | | |
| 2061 → 1546 | | |
| 2065 → 1549 $D_1$ | | |
| 2069 → 1552 | | |
| 2073 → 1555 $D_2$ | | |
| 2077 → 1558 | | |
| 2081 → 1561 $D_1$ | | |
| 2085 → 1564 | | |
| 2089 → 1567 $D_3$ | | |
| 2093 → 1570 | | |
| 2097 → 1573 $D_1$ | | |

(2101 – 2199)

| $D_1$ | $D_2$ | $D_3$ |
|---|---|---|
| 2101 → 1576 | 2107 → 1334 | 2103 → 1775 $D_3$ |
| 2105 → 1579 $D_2$ | 2115 → 1190 | 2111 → 1465 $D_1$ |
| 2109 → 1582 | 2123 → 1792 | 2119 → 1274 |
| 2113 → 1585 $D_1$ | 2131 → 1199 $D_3$ | 2127 → 2020 |
| 2117 → 1588 | 2139 → 1477 $D_1$ | 2135 → 1802 |
| 2121 → 1591 $D_3$ | 2147 → 1208 | 2143 → 2035 $D_2$ |
| 2125 → 1594 | 2155 → 1819 $D_2$ | 2151 → 1963 $D_2$ |
| 2129 → 1597 $D_1$ | 2163 → 1217 $D_1$ | 2159 → 1460 |
| 2133 → 1600 | 2171 → 2062 | 2167 → 1829 $D_1$ |
| 2137 → 1603 $D_2$ | 2179 → 1226 | 2175 → 1103 $D_3$ |
| 2141 → 1606 | 2187 → 1846 | 2183 → 1382 |
| 2145 → 1609 $D_1$ | 2195 → 1235 $D_2$ | 2191 → 1387 $D_2$ |
| 2149 → 1612 | | 2199 → 1856 |
| 2153 → 1615 $D_3$ | | |
| 2157 → 1618 | | |
| 2161 → 1621 $D_1$ | | |
| 2165 → 1624 | | |
| 2169 → 1627 $D_2$ | | |
| 2173 → 1630 | | |
| 2177 → 1633 $D_1$ | | |
| 2181 → 1636 | | |
| 2185 → 1639 $D_3$ | | |
| 2189 → 1642 | | |
| 2193 → 1645 $D_1$ | | |
| 2197 → 1648 | | |

(2201 – 2299)

| $D_1$ | $D_2$ | $D_3$ |
|---|---|---|
| 2201 → 1651 $D_2$ | 2203 → 1177 $D_1$ | 2207 → 2125 $D_1$ |
| 2205 → 1654 | 2211 → 1244 | 2215 → 1945 $D_1$ |
| 2209 → 1657 $D_1$ | 2219 → 1873 $D_1$ | 2223 → 2111 $D_3$ |
| 2213 → 1660 | 2227 → 1253 $D_1$ | 2231 → 1883 $D_2$ |
| 2217 → 1663 $D_3$ | 2235 → 1415 $D_3$ | 2239 → 1196 |
| 2221 → 1666 | 2243 → 1262 | 2247 → 2134 |
| 2225 → 1669 $D_1$ | 2251 → 1900 | 2255 → 1144 |
| 2229 → 1672 | 2259 → 1271 $D_3$ | 2263 → 1910 |
| 2233 → 1675 $D_2$ | 2267 → 2153 $D_1$ | 2271 → 1820 |
| 2237 → 1678 | 2275 → 1280 | 2279 → 1370 |
| 2241 → 1681 $D_1$ | 2283 → 1927 $D_3$ | 2287 → 1465 $D_1$ |
| 2245 → 1684 | 2291 → 1289 $D_1$ | 2295 → 1937 $D_1$ |
| 2249 → 1687 $D_3$ | 2299 → 1382 | |
| 2253 → 1690 | | |
| 2257 → 1693 $D_1$ | | |
| 2261 → 1696 | | |
| 2265 → 1699 $D_2$ | | |
| 2269 → 1702 | | |
| 2273 → 1705 $D_1$ | | |
| 2277 → 1708 | | |
| 2281 → 1711 $D_3$ | | |
| 2285 → 1714 | | |
| 2289 → 1717 $D_1$ | | |
| 2293 → 1720 | | |
| 2297 → 1723 $D_2$ | | |

(2301 – 2399)

| $D_1$ | $D_2$ | $D_3$ |
|---|---|---|
| 2301 → 1726 | 2307 → 1298 | 2303 → 1384 |
| 2305 → 1729 $D_1$ | 2315 → 1954 | 2311 → 1463 $D_3$ |
| 2309 → 1732 | 2323 → 1307 $D_2$ | 2319 → 1468 |
| 2313 → 1735 $D_3$ | 2331 → 1868 | 2327 → 1964 |
| 2317 → 1738 | 2339 → 1316 | 2335 → 1538 |
| 2321 → 1741 $D_1$ | 2347 → 1981 $D_1$ | 2343 → 2225 $D_1$ |
| 2325 → 1744 | 2355 → 1325 $D_1$ | 2351 → 2125 $D_1$ |
| 2329 → 1747 $D_2$ | 2363 → 1371 $D_2$ | 2359 → 1991 $D_3$ |
| 2333 → 1750 | 2371 → 1334 | 2367 → 2134 |
| 2337 → 1753 $D_1$ | 2379 → 2008 | 2375 → 1506 |
| 2341 → 1756 | 2387 → 1343 $D_1$ | 2383 → 2263 $D_3$ |
| 2345 → 1759 $D_3$ | 2395 → 1706 | 2391 → 2018 |
| 2349 → 1762 | | 2399 → 2278 |
| 2353 → 1765 $D_1$ | | |
| 2357 → 1768 | | |
| 2361 → 1771 $D_2$ | | |
| 2365 → 1774 | | |
| 2369 → 1777 $D_1$ | | |
| 2373 → 1780 | | |
| 2377 → 1783 $D_3$ | | |
| 2381 → 1786 | | |
| 2385 → 1789 $D_1$ | | |
| 2389 → 1792 | | |
| 2393 → 1795 $D_2$ | | |
| 2397 → 1798 | | |

(2401 – 2499)

| $D_1$ | $D_2$ | $D_3$ |
|---|---|---|
| 2401 → 1801 $D_1$ | 2403 → 1352 | 2407 → 1477 $D_1$ |
| 2405 → 1804 | 2411 → 2035 $D_2$ | 2415 → 1720 |
| 2409 → 1807 $D_3$ | 2419 → 1361 $D_1$ | 2423 → 2045 $D_1$ |
| 2413 → 1810 | 2427 → 2305 $D_1$ | 2431 → 1948 |
| 2417 → 1813 $D_1$ | 2435 → 1370 | 2439 → 1544 |
| 2421 → 1816 | 2443 → 2062 | 2447 → 1549 $D_1$ |
| 2425 → 1819 $D_2$ | 2451 → 1379 $D_2$ | 2455 → 2072 |
| 2429 → 1822 | 2459 → 1663 $D_3$ | 2463 → 1874 |
| 2433 → 1825 $D_1$ | 2467 → 1388 | 2471 → 1760 |
| 2437 → 1828 | 2475 → 2089 $D_1$ | 2479 → 2354 |
| 2441 → 1831 $D_3$ | 2483 → 1397 $D_1$ | 2487 → 2099 $D_2$ |
| 2445 → 1834 | 2491 → 1577 $D_1$ | 2495 → 1624 |
| 2449 → 1837 $D_1$ | 2499 → 1406 | |
| 2453 → 1840 | | |
| 2457 → 1843 $D_2$ | | |
| 2461 → 1846 | | |
| 2465 → 1849 $D_1$ | | |
| 2469 → 1852 | | |
| 2473 → 1855 $D_3$ | | |
| 2477 → 1858 | | |
| 2481 → 1861 $D_1$ | | |
| 2485 → 1864 | | |
| 2489 → 1867 $D_2$ | | |
| 2493 → 1870 | | |
| 2497 → 1873 $D_1$ | | |

(2501 – 2599)

| $D_1$ | $D_2$ | $D_3$ |
|---|---|---|
| 2501 → 1876 | 2507 → 2116 | 2503 → 2377 $D_1$ |
| 2505 → 1879 $D_3$ | 2515 → 1415 $D_3$ | 2511 → 1274 |
| 2509 → 1882 | 2523 → 2396 | 2519 → 2126 |
| 2513 → 1885 $D_1$ | 2531 → 1424 | 2527 → 1622 |
| 2517 → 1888 | 2539 → 2143 $D_3$ | 2535 → 2170 |
| 2521 → 1891 $D_2$ | 2547 → 1433 $D_1$ | 2543 → 1550 |
| 2525 → 1894 | 2555 → 1820 | 2551 → 2153 $D_1$ |
| 2529 → 1897 $D_1$ | 2563 → 1442 | 2559 → 2047 $D_3$ |
| 2533 → 1900 | 2571 → 2170 | 2567 → 1625 $D_1$ |
| 2537 → 1903 $D_3$ | 2579 → 1451 $D_2$ | 2575 → 1630 |
| 2541 → 1906 | 2587 → 1382 | 2583 → 2180 |
| 2545 → 1909 $D_1$ | 2595 → 1460 | 2591 → 1384 |
| 2549 → 1912 | | 2599 → 2468 |
| 2553 → 1915 $D_2$ | | |
| 2557 → 1918 | | |
| 2561 → 1921 $D_1$ | | |
| 2565 → 1924 | | |
| 2569 → 1927 $D_3$ | | |
| 2573 → 1930 | | |
| 2577 → 1933 $D_1$ | | |
| 2581 → 1936 | | |
| 2585 → 1939 $D_2$ | | |
| 2589 → 1942 | | |
| 2593 → 1945 $D_1$ | | |
| 2597 → 1948 | | |

**(2601 – 2699)**

| $D_1$ | $D_2$ | $D_3$ |
|---|---|---|
| 2601 → 1951 $D_3$ | 2603 → 2197 $D_1$ | 2607 → 2089 $D_1$ |
| 2605 → 1954 | 2611 → 1469 $D_1$ | 2615 → 2207 $D_3$ |
| 2609 → 1957 $D_1$ | 2619 → 1658 | 2623 → 1868 |
| 2613 → 1960 | 2627 → 1478 | 2631 → 1874 |
| 2617 → 1963 $D_2$ | 2635 → 2224 | 2639 → 2506 |
| 2621 → 1966 | 2643 → 1487 $D_3$ | 2647 → 2234 |
| 2625 → 1969 $D_1$ | 2651 → 1793 $D_1$ | 2655 → 2521 $D_1$ |
| 2629 → 1972 | 2659 → 1371 $D_2$ | 2663 → 2134 |
| 2633 → 1975 $D_3$ | 2667 → 2251 $D_2$ | 2671 → 2408 |
| 2637 → 1978 | 2675 → 1505 $D_1$ | 2679 → 2261 $D_1$ |
| 2641 → 1981 $D_1$ | 2683 → 2548 | 2687 → 2188 |
| 2645 → 1984 | 2691 → 1514 | 2695 → 1706 |
| 2649 → 1987 $D_2$ | 2699 → 2278 | |
| 2653 → 1990 | | |
| 2657 → 1993 $D_1$ | | |
| 2661 → 1996 | | |
| 2665 → 1999 $D_3$ | | |
| 2669 → 2002 | | |
| 2673 → 2005 $D_1$ | | |
| 2677 → 2008 | | |
| 2681 → 2011 $D_2$ | | |
| 2685 → 2014 | | |
| 2689 → 2017 $D_1$ | | |
| 2693 → 2020 | | |
| 2697 → 2023 $D_3$ | | |

**(2701 – 2799)**

| $D_1$ | $D_2$ | $D_3$ |
|---|---|---|
| 2701 → 2026 | 2707 → 1523 $D_2$ | 2703 → 1711 $D_3$ |
| 2705 → 2029 $D_1$ | 2715 → 1960 | 2711 → 2288 |
| 2709 → 2032 | 2723 → 1532 | 2719 → 1634 |
| 2713 → 2035 $D_2$ | 2731 → 2305 $D_1$ | 2727 → 1639 $D_3$ |
| 2717 → 2038 | 2739 → 1541 $D_1$ | 2735 → 2597 $D_1$ |
| 2721 → 2041 $D_1$ | 2747 → 1739 $D_2$ | 2743 → 2315 $D_2$ |
| 2725 → 2044 | 2755 → 1550 | 2751 → 1943 $D_3$ |
| 2729 → 2047 $D_3$ | 2763 → 2332 | 2759 → 2620 |
| 2733 → 2050 | 2771 → 1559 $D_3$ | 2767 → 1663 $D_3$ |
| 2737 → 2053 $D_1$ | 2779 → 2693 $D_3$ | 2775 → 2342 |
| 2741 → 2056 | 2787 → 1568 | 2783 → 1670 |
| 2745 → 2059 $D_2$ | 2795 → 2359 $D_3$ | 2791 → 2516 |
| 2749 → 2062 | | 2799 → 1682 |
| 2753 → 2065 $D_1$ | | |
| 2757 → 2068 | | |
| 2761 → 2071 $D_3$ | | |
| 2765 → 2074 | | |
| 2769 → 2077 $D_1$ | | |
| 2773 → 2080 | | |
| 2777 → 2083 $D_2$ | | |
| 2781 → 2086 | | |
| 2785 → 2089 $D_1$ | | |
| 2789 → 2092 | | |
| 2793 → 2095 $D_3$ | | |
| 2797 → 2098 | | |

(2801 – 2899)

| $D_1$ | $D_2$ | $D_3$ |
|---|---|---|
| 2801 → 2101 $D_1$ | 2803 → 1577 $D_1$ | 2807 → 2494 |
| 2805 → 2104 | 2811 → 1901 $D_1$ | 2815 → 2303 $D_3$ |
| 2809 → 2107 $D_2$ | 2819 → 1586 | 2823 → 1787 $D_2$ |
| 2813 → 2110 | 2827 → 2386 | 2831 → 1792 |
| 2817 → 2113 $D_1$ | 2835 → 1595 $D_2$ | 2839 → 2396 |
| 2821 → 2116 | 2843 → 1622 | 2847 → 1418 |
| 2825 → 2119 $D_3$ | 2851 → 1604 | 2855 → 2711 $D_3$ |
| 2829 → 2122 | 2859 → 2413 $D_1$ | 2863 → 2039 $D_3$ |
| 2833 → 2125 $D_1$ | 2867 → 1613 $D_1$ | 2871 → 2423 $D_3$ |
| 2837 → 2128 | 2875 → 1820 | 2879 → 1460 |
| 2841 → 2131 $D_2$ | 2883 → 1622 | 2887 → 1943 $D_3$ |
| 2845 → 2134 | 2891 → 2440 | 2895 → 2749 $D_1$ |
| 2849 → 2137 $D_1$ | 2899 → 1631 $D_3$ | |
| 2853 → 2140 | | |
| 2857 → 2143 $D_3$ | | |
| 2861 → 2146 | | |
| 2865 → 2149 $D_1$ | | |
| 2869 → 2152 | | |
| 2873 → 2155 $D_2$ | | |
| 2877 → 2158 | | |
| 2881 → 2161 $D_1$ | | |
| 2885 → 2164 | | |
| 2889 → 2167 $D_3$ | | |
| 2893 → 2170 | | |
| 2897 → 2173 $D_1$ | | |

**(2901 – 2999)**

| $D_1$ | $D_2$ | $D_3$ |
|---|---|---|
| 2901 → 2176 | 2907 → 1553 $D_1$ | 2903 → 2450 |
| 2905 → 2179 $D_2$ | 2915 → 1640 | 2911 → 2764 |
| 2909 → 2182 | 2923 → 2467 $D_2$ | 2919 → 1874 |
| 2913 → 2185 $D_1$ | 2931 → 1649 $D_1$ | 2927 → 1829 $D_1$ |
| 2917 → 2188 | 2939 → 2791 $D_3$ | 2935 → 2477 $D_1$ |
| 2921 → 2191 $D_3$ | 2947 → 1658 | 2943 → 2291 $D_2$ |
| 2925 → 2194 | 2955 → 2494 | 2951 → 1868 |
| 2929 → 2197 $D_1$ | 2963 → 1667 $D_2$ | 2959 → 1873 $D_1$ |
| 2933 → 2200 | 2971 → 2116 | 2967 → 2504 |
| 2937 → 2203 $D_2$ | 2979 → 1676 | 2975 → 1589 $D_1$ |
| 2941 → 2206 | 2987 → 2521 $D_1$ | 2983 → 1793 $D_1$ |
| 2945 → 2209 $D_1$ | 2995 → 1685 $D_1$ | 2991 → 2840 |
| 2949 → 2212 | | 2999 → 2531 $D_2$ |
| 2953 → 2215 $D_3$ | | |
| 2957 → 2218 | | |
| 2961 → 2221 $D_1$ | | |
| 2965 → 2224 | | |
| 2969 → 2227 $D_2$ | | |
| 2973 → 2230 | | |
| 2977 → 2233 $D_1$ | | |
| 2981 → 2236 | | |
| 2985 → 2239 $D_3$ | | |
| 2989 → 2242 | | |
| 2993 → 2245 $D_1$ | | |
| 2997 → 2248 | | |

**Sommario**

| | |
|---|---|
| Premessa | 3 |
| Introduzione | 5 |
| La congettura di Siracusa | 7 |
| Approfondimenti | 21 |
| Dimostrazione della congettura di Siracusa | 26 |
| Teorema 2n+3 | 28 |
| Teorema 2n+1 | 32 |
| Aggiunta al teorema 2n+1 | 35 |
| Note esplicative | 44 |
| Il labirinto di Siracusa | 58 |
| Discesa a mare | 62 |
| Il grattacielo | 66 |
| Conclusione – Il teorema di Collatz | 67 |
| Appendice | 68 |
| Finale | 78 |
| Allegato: Tavole dei collegamenti 5 - 2999 | 81 |

*Finito di stampare per conto di Mnamon nel mese di aprile 2015 presso Andersen S.p.a. Novara*
*Pubblicato in versione ebook da Mnamon 12 maggio 2015*
*Pubblicato da Mnamon per vendita on demand su Amazon.com 10 giugno 2015*
*II edizione ottobre 2015*

www.ingramcontent.com/pod-product-compliance
Lightning Source LLC
Chambersburg PA
CBHW031432210526
45464CB00005B/2159